高等职业教育
智能制造专业群
"德技并修 工学结合"
系列教材

U0612049

工业机器人系统建模

主 编 陈丽娟 闫洪猛

副主编 王 宝 李志鹏 盛力源

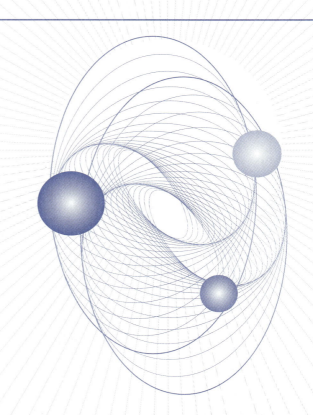

INTELLIGENT MANUFACTURING

中国教育出版传媒集团

高等教育出版社·北京

内容简介

　　本书是高等职业教育智能制造专业群"德技并修　工学结合"系列教材之一。

　　本书以工业机器人应用编程和工业机器人集成应用两个职业技能等级标准为主线,以工程项目为工作任务,以工业机器人考核工作站为学习载体,详细讲解了在 SOLIDWORKS 软件中如何创建零部件、装配体及生成电气工程图的知识和技能。

　　本书实现了互联网与传统教育的深度融合,采用"纸质教材＋数字课程"的出版形式,扫描二维码即可观看微课等视频类数字资源,随扫随学,突破传统课堂教学的时空限制,激发学生自主学习的兴趣,打造高效课堂。课程获取方式详见"智慧职教"服务指南。选用本书授课的教师可发送电子邮件至 gzdz@ pub.hep.cn 获取部分教学资源。

　　本书可作为高等职业院校工业机器人技术、机电一体化技术、电气自动化技术、机电设备技术、数控技术和机械制造及自动化技术等智能制造相关专业的教学用书,也可作为相关专业工程技术人员的岗位培训教材和参考用书。

图书在版编目（ＣＩＰ）数据

工业机器人系统建模／陈丽娟,闫洪猛主编．－－北京：高等教育出版社,2023.10
ISBN 978-7-04-060199-2

Ⅰ.①工…　Ⅱ.①陈…　②闫…　Ⅲ.①工业机器人-系统建模-高等职业教育-教材　Ⅳ.①TP242.2

中国国家版本馆 CIP 数据核字（2023）第 040340 号

GONGYE JIQIREN XITONG JIANMO

| 策划编辑 | 曹雪伟 | 责任编辑 | 曹雪伟 | 封面设计 | 姜　磊 | 版式设计 | 徐艳妮 |
| 责任绘图 | 马天驰 | 责任校对 | 张　然 | 责任印制 | 田　甜 | | |

出版发行	高等教育出版社	网　　址	http://www.hep.edu.cn
社　　址	北京市西城区德外大街4号		http://www.hep.com.cn
邮政编码	100120	网上订购	http://www.hepmall.com.cn
印　　刷	人卫印务（北京）有限公司		http://www.hepmall.com
开　　本	787 mm×1092 mm　1/16		http://www.hepmall.cn
印　　张	16.5		
字　　数	390 千字	版　　次	2023 年 10 月第 1 版
购书热线	010-58581118	印　　次	2023 年 10 月第 1 次印刷
咨询电话	400-810-0598	定　　价	46.80 元

"智慧职教" 服务指南

"智慧职教"（www.icve.com.cn）是由高等教育出版社建设和运营的职业教育数字教学资源共建共享平台和在线课程教学服务平台，与教材配套课程相关的部分包括资源库平台、职教云平台和 App 等。用户通过平台注册、登录即可使用该平台。

● 资源库平台：为学习者提供本教材配套课程及资源的浏览服务。

登录"智慧职教"平台，在首页搜索框中搜索"工业机器人系统建模"，找到对应作者主持的课程，加入课程参加学习，即可浏览课程资源。

● 职教云平台：帮助任课教师对本教材配套课程进行引用、修改，再发布为个性化课程（SPOC）。

1. 登录职教云平台，在首页单击"新增课程"按钮，根据提示设置要构建的个性化课程的基本信息。

2. 进入课程编辑页面设置教学班级后，在"教学管理"的"教学设计"中"导入"教材配套课程，可根据教学需要进行修改，再发布为个性化课程。

● App：帮助任课教师和学生基于新构建的个性化课程开展线上线下混合式、智能化教与学。

1. 在应用市场搜索"智慧职教 icve"App，下载安装。

2. 登录 App，任课教师指导学生加入个性化课程，并利用 App 提供的各类功能，开展课前、课中、课后的教学互动，构建智慧课堂。

"智慧职教"使用帮助及常见问题解答请访问 help.icve.com.cn。

前　言

随着"工业4.0"概念的提出,以"智能工厂、智慧制造"为主导的第四次工业革命已经悄然来临。党的二十大报告中提出:"建设现代化产业体系,坚持把发展经济的着力点放在实体经济上,推进新型工业化,加快建设制造强国、质量强国、航天强国、交通强国、网络强国、数字中国。"工业机器人在新型工业化及制造强国的实现中扮演重要的角色。

《国家职业教育改革实施方案》中明确提出,在职业院校、应用型本科高校启动学历证书+职业技能等级证书制度(1+X)试点。本书以工业机器人应用编程和工业机器人集成应用两个职业技能等级标准为主线,以工程项目为工作任务,以工业机器人考核工作站为学习载体,详细讲解了SOLIDWORKS软件。SOLIDWORKS软件能够提供不同的工业机器人系统建模设计方案,减少设计过程中的错误以及提高产品质量,具有功能强大、易学易用和技术创新三大特点。

全书共分为6个工作领域,25个工作任务,将SOLIDWORKS软件的界面基本操作、绘制草图、创建特征、创建装配体、绘制电气工程图等系列化的知识内容有机地融入各个工作任务中,深入浅出地讲解了工业机器人考核工作站中绘图模块、控制柜三维模型的创建过程,使学习者在完成工作任务的过程中建立工程思维,养成良好的工作习惯。

为便于读者能够快速且有效地掌握核心知识和技能,本书采用"纸质教材+数字课程"的形式,配有数字化课程网站。书中也提供关键知识点的二维码,可扫描观看视频资源,随扫随学,打造高效课堂。

本书由德州职业技术学院陈丽娟、闫洪猛任主编,德州职业技术学院王宝、李志鹏和江苏汇博机器人技术股份有限公司盛力源任副主编。在本书的编写中参考了杭州新迪数字工程系统有限公司编译的相关三维设计方面的资料,在此谨向有关作者表示感谢。

由于作者水平有限,书中难免会有疏漏和错误之处,恳请读者批评指正。

编者
2023年6月

目　录

认识 *SOLIDWORKS* 软件

SOLIDWORKS 软件是基于 Windows 系统的原创三维设计软件,具有功能强大、易学易用和技术创新三大特点,是常用的三维 CAD 解决方案。SOLIDWORKS 软件能够提供不同的设计方案、减少设计过程中的错误以及提高产品质量。

SOLIDWORKS 软件 2021 版是一个功能强大的三维(3D)机械建模设计软件版本,大大地提升了三维建模效率,SOLIDWORKS 软件 2021 版能够帮助用户快速地完成日常设计、仿真、机电协同、数据协同等工作,提升工作效率。本书用到的 SOLIDWORKS 软件主要是 2021 版。

工作任务要求:

1. 了解 SOLIDWORKS 软件的特点。
2. 了解 SOLIDWORKS 软件的功能特点。
3. 熟悉 SOLIDWORKS 软件的设计环境。
4. 掌握 SOLIDWORKS 软件的常用操作。
5. 熟悉 SOLIDWORKS 软件设计的一般步骤。

学习思维导图:

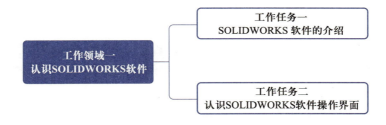

工作任务一

SOLIDWORKS 软件的介绍

一、任务说明

任务名称		SOLIDWORKS 软件的介绍
任务目标	知识目标	1. 了解 SOLIDWORKS 软件的功能特点。 2. 了解 SOLIDWORKS 软件各功能模块的作用
	能力目标	1. 能够根据需要选择相应的软件版本。 2. 能够简要表述 SOLIDWORKS 软件的功能特点。
所用设备		计算机
任务告知		通过学习能够简要表述 SOLIDWORKS 软件的功能特点

二、任务学习

（一）认识 SOLIDWORKS 软件

SOLIDWORKS 公司是达索（Dassault）公司下的子公司，专门负责研发与销售机械设计软件的视窗产品。

达索公司负责系统性的软件供应，并为制造厂商提供具有 Internet 整合能力的支援服务。该公司提供涵盖整个产品生命周期的系统，包括设计、工程、制造和产品数据管理等各个领域中的最佳软件系统，著名的 CATIAV5 就出自该公司之手，达索公司的 CAD 产品市场占有率居世界前列。

SOLIDWORKS 公司成立于 1993 年，当初的目标是希望在每一个工程师的桌面上提供一套具有生产力的实体模型设计系统，1995 年推出第一套三维机械设计软件 SOLIDWORKS，1997 年，SOLIDWORKS 公司被达索（Dassault）公司收购。

（二）SOLIDWORKS 软件的特点

SOLIDWORKS 软件功能强大，组件繁多。SOLIDWORKS 软件不仅能够提供强大的功能，而且对每个工程师和设计者来说，操作简单方便、易学易用。

对于熟悉 Windows 系统的用户，基本上就可以用 SOLIDWORKS 软件来做设计。SOLIDWORKS 软件独有的拖拽功能使用户在比较短的时间内可以完成大型装配设计。SOLIDWORKS 软件资源管理器是同 Windows 资源管理器一样的 CAD 文件管理器，用它可以方便地管理 CAD 文件。使用 SOLIDWORKS 软件的用户能在比较短的时间内完成更多的工作，能够更快地将高质量的产品投放市场。

在目前市场上所见到的三维 CAD 解决方案中，SOLIDWORKS 软件是设计过程比较简便的软件之一。在强大的设计功能和易学易用的操作（包括 Windows 风格的拖/放、点/击、剪切/粘贴）协同下，使用 SOLIDWORKS 软件设计整个产品是百分之百可编辑的，零件设计、装配设计和工程图之间全是相关的。

1. 用户界面

（1）SOLIDWORKS 软件提供了一整套完整的动态界面和鼠标拖动控制方式。"全动感"的用户界面减少了设计步骤，减少了多余的对话框，从而避免了界面的零乱。

（2）崭新的属性管理器用来高效地管理整个设计过程和步骤。属性管理器包含所有的设计数据和参数，而且操作方便、界面直观。

（3）SOLIDWORKS 软件资源管理器可以方便地管理 CAD 文件。SOLIDWORKS 软件资源管理器是唯一一个同 Windows 资源管理器类似的 CAD 文件管理器。

（4）特征模板为标准件和标准特征提供了良好的环境。用户可以直接从特征模板上调用标准的零件和特征，并与同事共享。

（5）SOLIDWORKS 软件提供的 AutoCAD 模拟器，使得 AutoCAD 用户可以保持原有的作图习惯，顺利地从二维设计转向三维实体设计。

2. 配置管理

配置管理是 SOLIDWORKS 软件体系结构中非常独特的一部分，它涉及零件设计、装配设计和工程图。配置管理使得用户能够在一个 CAD 文档中，通过对不同参数的变换和组合，派生出不同的零件或装配体。

3. 协同工作

（1）SOLIDWORKS 软件提供了技术先进的协同工具 3D Meeting，使得用户能够通过互联网进行协同工作。

（2）通过 eDrawings 方便地共享 CAD 文件。eDrawings 是一种极度压缩的、可通过电子邮件发送的、可自行解压和浏览的特殊文件。

（3）通过三维托管网站展示生动的实体模型。三维托管网站是 SOLIDWORKS 软件提供的一种服务，用户可以在任何时间、任何地点，快速地查看产品结构。

（4）SOLIDWORKS 软件支持 Web 目录，这使得用户能够将设计数据存放在互联网的文件夹中，就像存到本地硬盘一样方便。

4. 装配设计

（1）在 SOLIDWORKS 软件中，当生成新零件时，用户可以直接参考其他零件并保持这种参考关系。在装配的环境里，可以方便地设计和修改零部件。对于超过一万个零部件的大型装配体，SOLIDWORKS 软件的性能得到极大的提高。

（2）SOLIDWORKS 软件可以动态地查看装配体的所有运动，并且可以对运动的零部件进行动态的干涉检查和间隙检测。

（3）用智能零件技术自动完成重复设计。智能零件技术是一种崭新的技术，用来完成诸如将一个标准的螺栓装入螺孔中，而同时按照正确的顺序完成垫片和螺母的装配。

（4）镜像部件是 SOLIDWORKS 软件技术的巨大突破。镜像部件能产生基于已有零部件（包括具有派生关系或与其他零件具有关联关系的零件）的新零部件。

（5）SOLIDWORKS 软件用捕捉配合的智能化装配技术，来加快装配体的总体装配。智能化装配技术能够自动捕捉并定义装配关系。

5. 工程图

（1）SOLIDWORKS 软件提供生成完整的、车间认可的详细工程图的工具。工程图是全相关的,当用户修改图纸时,三维模型、各个视图、装配体都会自动更新。

（2）从三维模型中自动产生工程图,包括视图、尺寸和标注。

（3）增强了详图操作和剖视图,包括生成剖中剖视图、部件的图层支持、二维草图功能,以及详图中的属性管理器。

（4）使用 RapidDraft 技术,可以将工程图与三维零件和装配体脱离,进行单独操作,以加快工程图的操作,但保持与三维零件和装配体的全相关。

（5）用交替位置显示视图能够方便地显示零部件的不同的位置,以便了解运动的顺序。交替位置显示视图是专门为具有运动关系的装配体而设计的独特的工程图功能。

三、任务自评

序号	学习目标	知识、技能点	自我评估结果
1	了解 SOLIDWORKS 软件的功能特点	• 用户界面 • 配置管理 • 协同工作 • 装配设计 • 工程图	□掌握 □初步掌握 □未掌握
2	了解 SOLIDWORKS 软件主要模块的作用	• 零件建模 • 曲面建模 • 图形输出	□掌握 □初步掌握 □未掌握
3	了解 SOLIDWORKS 软件零件模块、装配图、工程图的新增功能	• 零件模块 • 装配图 • 工程图	□掌握 □初步掌握 □未掌握

工作任务二

认识 SOLIDWORKS 软件操作界面

一、任务说明

任务名称		认识 SOLIDWORKS 软件操作界面
任务 目标	知识目标	1. 认识 SOLIDWORKS 软件操作界面的组成。 2. 掌握 SOLIDWORKS 软件快捷键的操作方法。 3. 学会三维零件的创建
	能力目标	1. 能够正确打开软件并创建新模型文件。 2. 能够使用快捷键完成模型体的放大/缩小、旋转、翻转等操作
所用设备		计算机
任务告知		通过学习能够明确三维零件的设计过程,独立完成以下两个模型的创建
任务告知		

二、任务学习

(一) 认识 SOLIDWORKS 软件界面

(1) 双击计算机桌面 图标,系统弹出如图 1-2-1 所示的启动界面。

图 1-2-1　启动界面

（2）单击工具栏中的【新建】按钮，如图 1-2-2 所示。

图 1-2-2　新建项目

（3）在弹出的对话框中可根据需要创建零件、装配体、工程图 3 种类型的文件，如图 1-2-3 所示。

图 1-2-3　新建文件

（4）选择默认创建零件文件后，单击【确定】按钮，系统进入三维设计窗口，如图1-2-4所示。

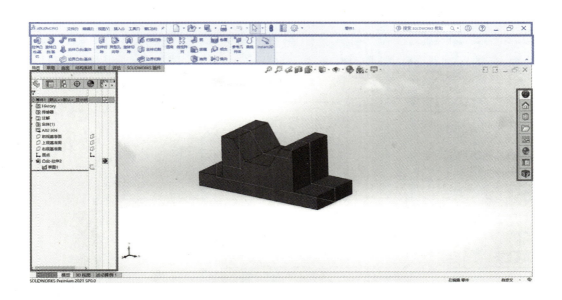

图1-2-4　三维设计窗口

1）自定义工具栏。软件提供了大量的工具栏，用户可以直接单击工具栏上的按钮来实现各种功能。可将鼠标光标放在自定义工具栏上单击右键找到工具列表对自定义工具栏进行设置，如图1-2-5所示。

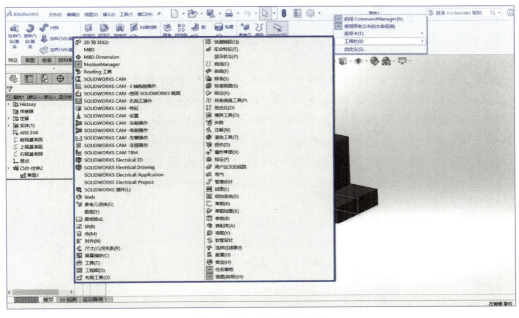

图1-2-5　自定义工具栏

2）按钮工具栏。按钮工具栏以功能区的形式展现,默认的有【特征】【草图】【曲面】【结构系统】【标注】【评估】【SOLIDWORK 插件】7 个功能区,可以在标签处单击右键,在弹出的对话框中对功能区进行添加与删除,如图 1-2-6 所示。

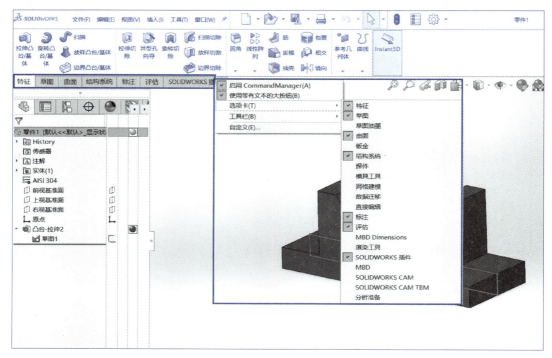

图 1-2-6　按钮工具栏

3）绘图区。绘图区是以坐标轴为界并包含所有数据系列的区域。此区域包含数据系列、分类名称、刻度线标签和坐标轴标题。它用于绘制二维平面图、三维立体设计等。

4）设计树。为方便设计者管理和修改特征,SOLIDWORKS 软件提供了树状结构的特征管理器,即设计树,如图 1-2-7 所示,它按照绘制顺序记录设计步骤,用户可以很方便地查看模型或装配体的构造情况,或者查看工程图中的不同图纸和视图。用鼠标右键单击(简称右击)其中一项,系统弹出快捷菜单,从中选择所需命令后即可对模型进行修改。

5）设计库。为提高设计效率,SOLIDWORKS 软件还提供了功能强大的设计库,其中包括大量的特殊零件、特征和标准件等。用户只需从设计库中拖拽相应的零件或特征到绘图区,然后根据需要进行调整即可。

设计库中包括以下两种信息,如图 1-2-8 所示:

① Design Library:包括常用的标准件、各类成形工具等。

② SolidWorks 内容:包括常用的特征库,如电力库、管道库等。

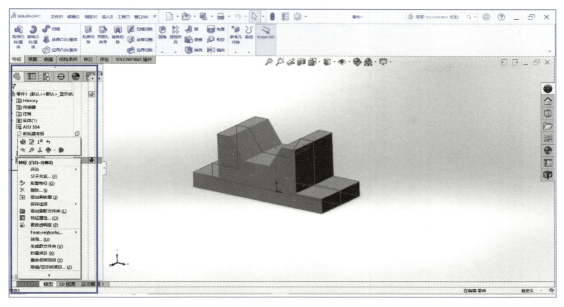

图 1-2-7　设计树

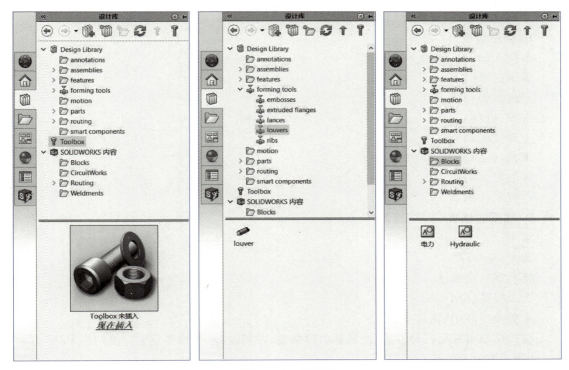

图 1-2-8　设计库

（二）SOLIDWORKS 快捷键的操作方法

可以在工具栏空白处,单击右键,系统弹出【自定义】对话框,如图 1-2-9 所示,在其中可查看和更改键盘的快捷键。

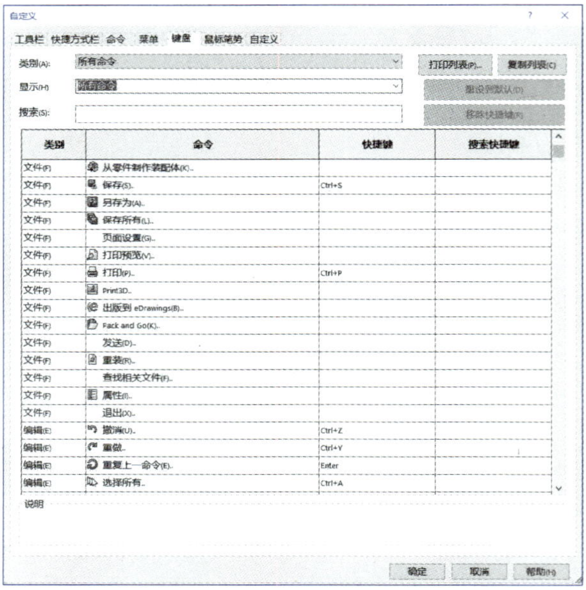

图 1-2-9　【自定义】对话框

常用快捷键配合操作如下：

1. 视图切换

前视：Ctrl+1。

后视：Ctrl+2。

左视：Ctrl+3。

右视：Ctrl+4。

上视：Ctrl+5。

下视：Ctrl+6。

等轴测：Ctrl+7。

正视于：Ctrl+8。

2. 视图的缩放、平移、旋转

缩小：Z。

放大：Shift+Z。

整屏显示全图：f。

上一视图：Ctrl+Shift+Z。

平移模型：Ctrl+鼠标中键。

旋转模型可采用三种方式：按鼠标中键拖动、方向键（水平或竖直方向旋转）、Shift+方向键（水平或竖直90°旋转）。

（三）三维零件的创建流程

通常三维零件的建模方式有拉伸（叠加体）、切除（切割体）和旋转（回转体），主要依据体的形状来选择合适的建模方式。下面以支架为例来学习三维零件的创建流程。

1. 绘制二维草图

在设计树中选择【前视基准面】，进入草图绘制环境，在草图功能区单击【直线】命令

完成如图 1-2-10 的绘制。

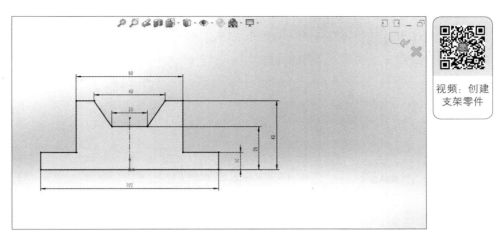

图 1-2-10　草图绘制

2. 创建模型特征

完成后单击草图界面右上角【返回】按钮，退出草图绘制环境。在【特征】工具栏中单击【拉伸凸台/基体】，在设计树中会弹出属性管理器，如图 1-2-11 所示，选择【方向】为【两侧对称】，【深度】为 40mm。单击属性管理器左上方的【确认】按钮，退出特征编辑环境，完成模型的【拉伸凸台/基体】特征的创建，如图 1-2-11 所示。

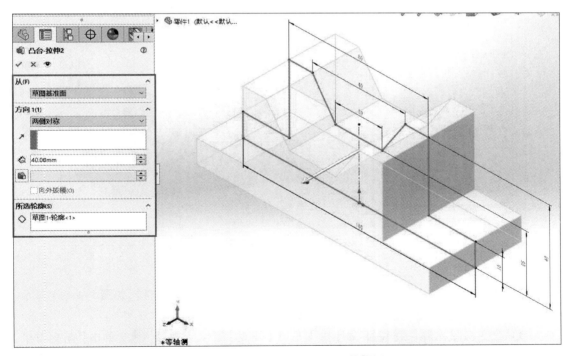

图 1-2-11　创建【拉伸凸台/基体】特征

3. 优化设计

可为模型添加颜色,设置材质,改变视图光源等。

(1)右击设计树中零件1的 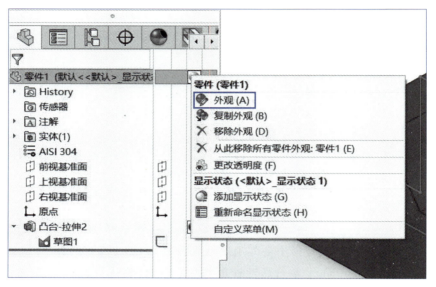 按钮,如图1-2-12所示,在弹出的菜单中选择【外观】,在弹出的对话框中为模型添加颜色,如图1-2-13所示。

图1-2-12 设置外观

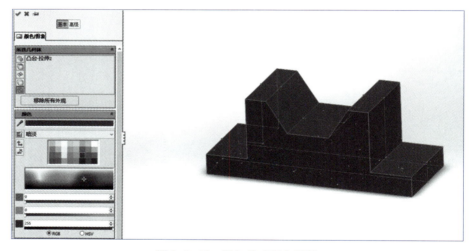

图1-2-13 添加外观颜色属性

(2)右击设计树零件1,在弹出的菜单中选择【材料】→【编辑材料】,如图1-2-14所示。在打开的材料对话框中可选择相应的材质,如图1-2-15所示。

(3)改变视图光源。在特征设计树中选择【外观】属性管理器 ,单击【查看布景、光源与相机】 ,右击【光源】 光源,系统可弹出光源编辑菜单,选择【添加线光源】,如图1-2-16所示。

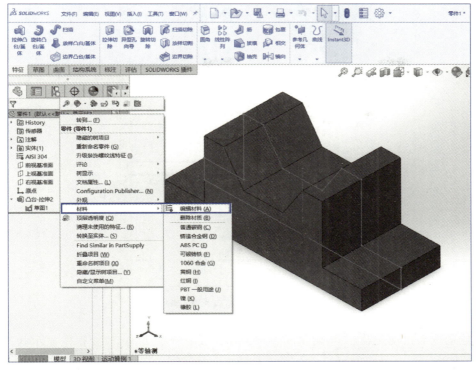

图 1-2-14　添加材料属性

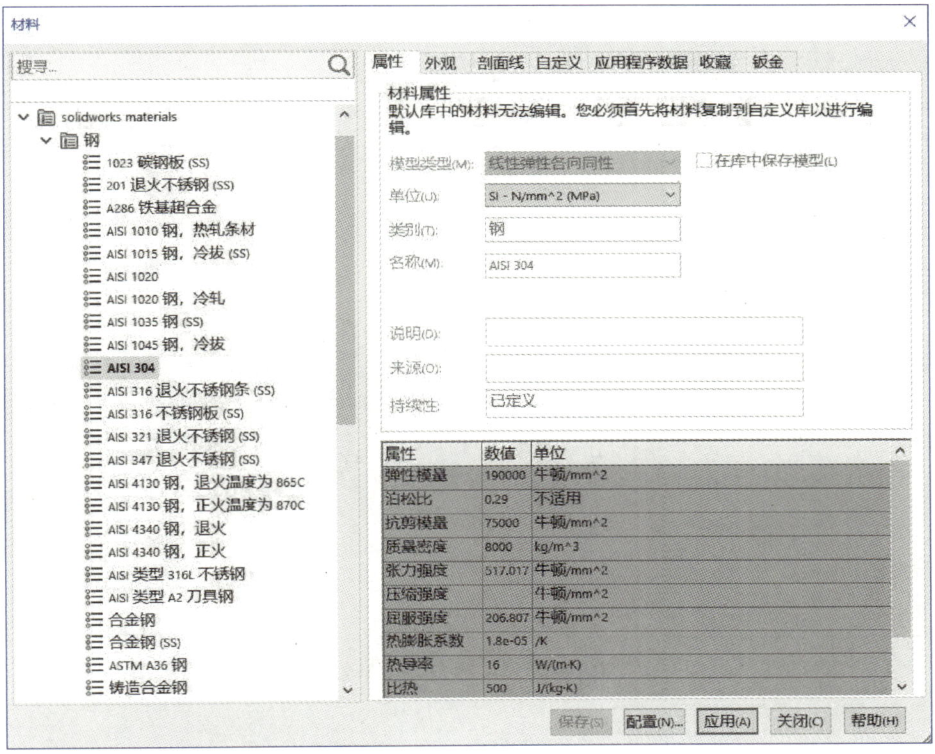

图 1-2-15　设置材料

图 1-2-16　【添加线光源】属性

　　在绘图区会出现光源点,可用鼠标左键拖动来设置光源方向,改变视图显示状态,如图 1-2-17 所示。

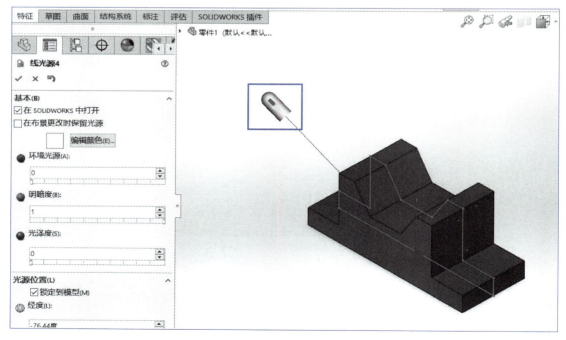

图 1-2-17　放置光源位置

三、任务自评

序号	学习目标	知识、技能点	自我评估结果
1	认识 SOLIDWORKS 软件界面的组成	• 设计树 • 功能区 • 设计库 • 绘图区	□掌握 □初步掌握 □未掌握
2	掌握 SOLIDWORKS 软件快捷键的操作方法	• 视图的切换 • 视图的缩放、平移、旋转	□掌握 □初步掌握 □未掌握
3	学会三维零件的创建流程	• 绘制二维草图 • 创建模型特征 • 优化设计	□掌握 □初步掌握 □未掌握

工作领域 二

绘制和编辑草图

　　绘制草图是三维造型的基础,也是创建零件的第一步。草图多是二维的,也有三维草图。因此,只有熟练掌握草图绘制的各项功能和技巧,才能快速、高效地用 SOLIDWORKS 软件进行三维建模,并对其进行后续分析。

工作任务要求:

1. 学会在草图环境中执行直线、圆、边角矩形、圆弧等命令的操作。

2. 学会剪裁草图、延伸草图的操作。

3. 学会倒角、倒圆、镜像、等距、草图阵列等命令的操作。

4. 学会线性尺寸、圆尺寸、角度尺寸的标注方法。

5. 学会水平、竖直、相切、交叉、重合、对称、同心、相等、中点等几何关系的添加方法。

学习思维导图:

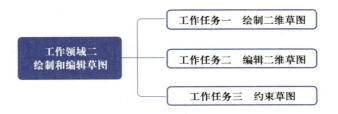

工作领域二 绘制和编辑草图 ── 工作任务一 绘制二维草图

工作任务二 编辑二维草图

工作任务三 约束草图

工作任务一

绘制二维草图

在创建二维草图时,必须先确定草图所依附的平面,即草图坐标系确定的坐标面,SOLIDWORKS 软件中默认的有三个基准面:前视基准面、上视基准面和右视基准面,如图2-1-1所示。在绘制二维草图时,先选择合适的基准面,再完成草图的绘制。

在草图环境中使用【草图】工具栏进行智能尺寸的标注、各类草图实体的绘制、草图实体的编辑和几何关系的添加等操作。

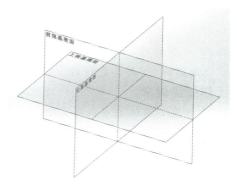

图2-1-1　SOLIDWORKS 软件中默认的三个基准面

一、任务说明

任务名称		绘制二维草图
任务目标	知识目标	1. 学会草图原点的选择。 2. 掌握草图绘制环境设定的方法。 3. 学会直线、圆、圆弧等命令的操作方法
	能力目标	能运用直线、圆、圆弧等命令独立完成任务图样
所用设备		计算机
任务告知		通过学习能够独立完成下图的创建

二、任务学习

（一）草图绘制环境设定

在使用 SOLIDWORKS 软件时,用户可以根据自己的需要设置软件工作环境和系统配置等,满足自己的使用习惯并提高工作效率。

1. **设置工具栏**

单击【选项】按钮下拉三角 ，选择【自定义】,如图 2-1-2 所示,系统弹出【自定义】对话框,如图 2-1-3 所示,可对工具栏、命令、键盘、鼠标笔势等进行设置。

图 2-1-2 选项

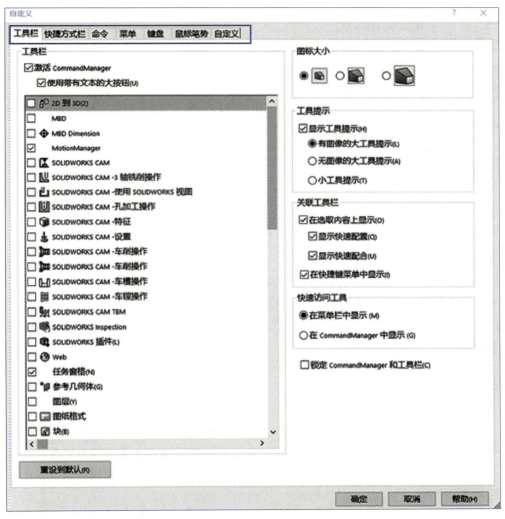

图 2-1-3 【自定义】对话框

2. 系统选项设定

单击【选项】按钮 ⚙ ，系统弹出【系统选项】对话框，如图2-1-4所示。需要注意的是，该对话框中的【系统选项】选项卡可对所有文件参数进行更改，可对工作环境的颜色、显示、文件位置等进行设置。

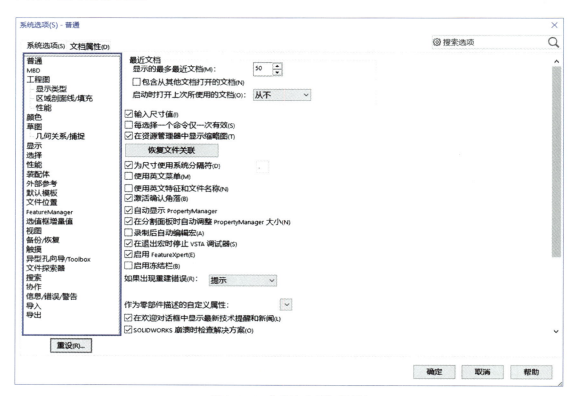

图2-1-4　【系统选项】对话框

3. 建立模板文件

【系统选项】对话框中的【文档属性】选项卡可对绘图标准、单位、材料属性、图像品质等进行个性需求设置。例如：单击【绘图标准】，在右侧单击【总绘图标准】，在弹出的选项框中选择【GB】，然后单击【确定】按钮，这样就把总的绘图标准定义为GB，如图2-1-5所示。

视频：绘制草图实体

（二）绘制草图实体

在【草图】工具栏可找到直线、圆形、样条曲线、边角矩形、圆弧、椭圆、文本等各类草图实体。

1. 直线

单击【直线】按钮下拉三角 ✎ ，可以选择绘制直线、中心线和中点线，3种直线线型如图2-1-6所示。直线绘制时要确定直线的两个端点。在适当位置单击左键，给定第一个点，然后移动或拖动鼠标给定第二个点，再次单击左键，即可画出直线。

2. 圆形

单击【圆形】按钮下拉三角 ⊙ ，可以选择用以下2种方式绘制圆形：

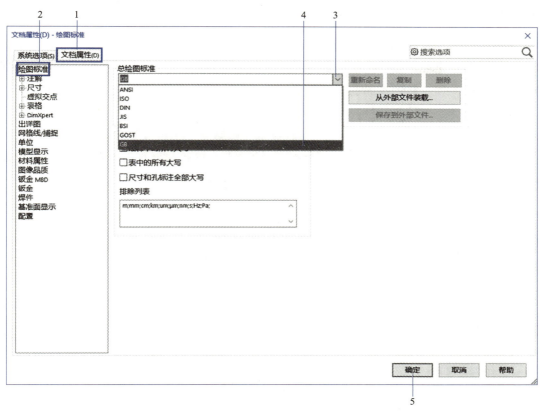

图 2-1-5　【文档属性】选项卡

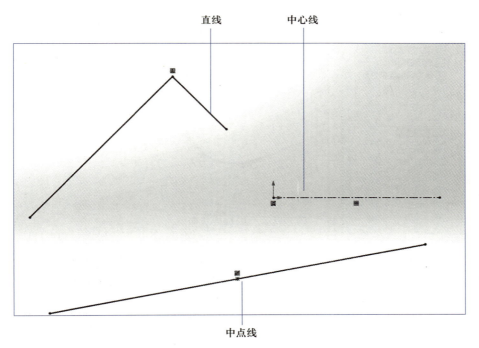

图 2-1-6　3 种直线线型

（1）以圆心和半径为条件绘制圆形 ⊙：先在绘图区指定圆的中心，然后按住鼠标左键不放并拖动鼠标移动，在合适的位置上放开鼠标，完成圆的绘制。

（2）以圆上三点绘制圆形 ⊙：先在绘图区单击给定圆上的第一个点，然后移动鼠标再给定第二个点和第三个点，完成圆的绘制。

3. 样条曲线

单击【样条曲线】按钮下拉三角 $\boxed{\mathcal{N}\cdot}$，可以选择用以下 3 种方式绘制样条曲线：

（1）随机样条曲线 $\boxed{\mathcal{N} \text{ 样条曲线(S)}}$：在绘图区适当位置随机顺次单击鼠标左键，然后按键盘上的【Esc】键退出绘制状态，完成绘制。如果要改变曲线弯曲度，可拖动图中的关键点或方向箭头，如图 2-1-7 所示。

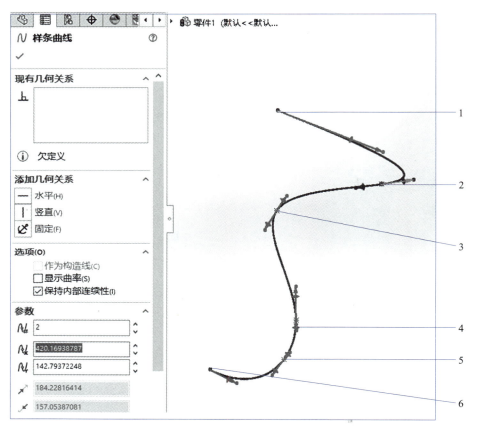

图 2-1-7　随机样条曲线

（2）样式样条曲线：单击【样式样条曲线】按钮 $\boxed{\mathcal{N} \text{ 样式样条曲线(S)}}$，系统弹出【插入样式样条曲线】属性管理器，如图 2-1-8 所示。可选择的类型有 4 种：【贝塞尔】【B-样条：度数 3】【B-样条：度数 5】【B-样条：度数 7】，可根据需要选择绘制。

（3）方程式驱动的曲线：单击【方程式驱动的曲线】按钮 $\boxed{\mathcal{N} \text{ 方程式驱动的曲线}}$，系统弹出【方程式驱动的曲线】属性管理器，如图 2-1-9 所示。通常可以选择显性方程式和参数性

方程式两种方式绘制样条曲线。图 2-1-9 是以显性方程式
绘制 $y_x = \mathrm{sqrt}(4-x^2)$ 在 $[-2,2]$ 区间的曲线。

4. 边角矩形

单击【边角矩形】按钮下拉三角 ，根据需要可以选
择以下 5 种方式完成边角矩形的绘制：

（1）单击 边角矩形 ，以矩形的两个对角点来确定
矩形。

（2）单击 中心矩形 ，以矩形的中心点和任一个角点来
确定矩形。

图 2-1-8 【插入样式样条曲线】
属性管理器

（3）单击 3 点边角矩形 ，以矩形的 3 个角点来确定矩形。

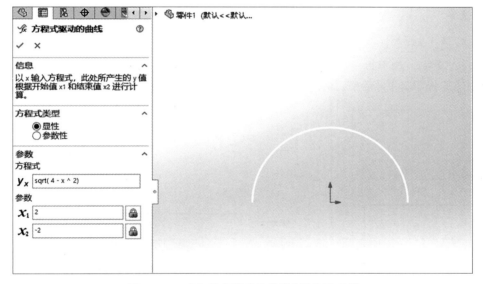

图 2-1-9 【方程式驱动的曲线】属性管理器

（4）单击 3 点中心矩形 ，以矩形的中心点、一个边线中心点及这个边线的角点来确定
矩形。

（5）单击 平行四边形 ，以平行四边形的 3 个角点来确定平行四边形。

操作方法：在绘图区合适位置单击鼠标左键选定第一个角点，拖动或移动鼠标光标至其
他目标点位置，单击鼠标左键确认，完成绘制。

5. 圆弧

单击【圆弧】按钮下拉三角 ，可以选择以下 3 种方式完成圆弧的绘制：

（1）单击 ，用圆心、起点、终点绘制圆弧。

（2）单击 ，先选择直线上的一个端点，移动鼠标光标选择第二个点后完成圆弧的
绘制。

（3）单击 ，在绘图区先选定圆弧起点，然后移动鼠标光标选择圆弧终点，再选定圆弧上任意一点后完成圆弧的绘制。

操作方法：在绘图区合适位置单击鼠标左键选定第一个目标点，拖动或移动鼠标光标至其他目标点位置，单击鼠标左键确认，完成绘制。

6. 椭圆

单击【椭圆】按钮下拉三角，可以选择绘制椭圆、部分椭圆、抛物线和圆锥。

以椭圆绘制为例：在绘图区合适的位置上先单击鼠标左键确定椭圆的第一个中心点，然后移动或拖动鼠标光标到中心轴第二个点的位置再次单击鼠标左键确认，最后移动鼠标光标选定椭圆的方向并单击鼠标左键，完成椭圆绘制。

7. 文本

单击【文本】按钮，系统弹出【草图文字】属性管理器，如图 2-1-10 所示，在【文字】框中可输入文字。若不想使用文档字体，可取消选中【使用文档字体】，再单击【字体】按钮，系统弹出【选择字体】对话框，如图 2-1-11 所示，可选择相应的字体。

图 2-1-10　【草图文字】属性管理器　　　图 2-1-11　【选择文字】对话框

（三）绘制任务图样

视频：绘制二维草图

任务图样主要由直线、圆弧和圆组成。可将草图原点定义在圆心，先画中心圆 $R12.5$，再画出圆弧 $R22$，然后用直线完成周边直线及斜线的绘制。

步骤 1：绘制圆 $R12.5$、$R22$，如图 2-1-12 所示。

步骤 2：绘制直线和斜线，如图 2-1-13 所示。

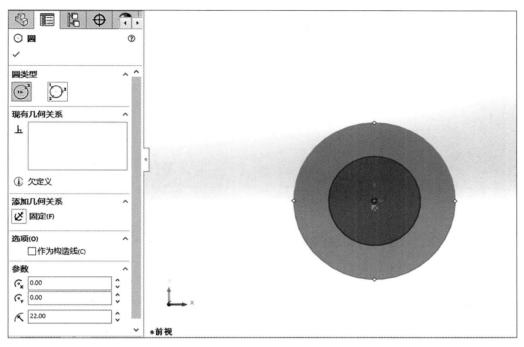

图 2-1-12　绘制圆 R12.5、R22

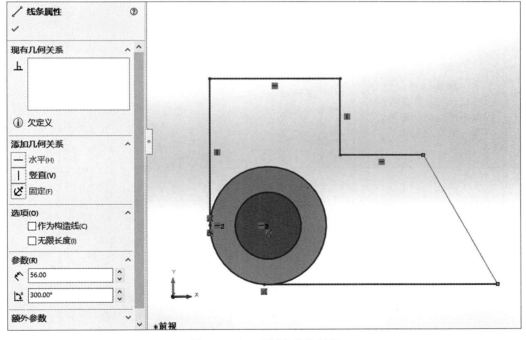

图 2-1-13　绘制直线和斜线

步骤 3:标注尺寸,如图 2-1-14 所示。

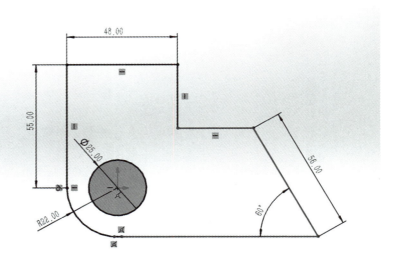

图 2-1-14　标注尺寸

三、任务自评

序号	学习目标	知识、技能点	自我评估结果
1	认识 SOLIDWORKS 软件中默认的三个基准面	• 前视基准面 • 上视基准面 • 右视基准面	□掌握 □初步掌握 □未掌握
2	学会在草图环境中绘制直线、圆形、样条曲线、边角矩形、圆弧、椭圆、文本等各类草图实体	• 直线 • 圆形 • 样条曲线 • 边角矩形 • 圆弧 • 椭圆 • 文本	□掌握 □初步掌握 □未掌握
3	掌握任务图样的绘制方法		□掌握 □初步掌握 □未掌握

小思考

　　在草图绘制过程中,首先要确定草图的中心点,即基准点。此点最好与原点重合,这样可避免后期编辑草图或创建特征时找不到对称中心轴。制图是一个严谨、细致的过程,从一开始就要养成良好的习惯,继续学习你会收获喜悦!

小练习

　　完成练习 1(见图 2-1-15)、练习 2(见图 2-1-16)和练习 3(见图 2-1-17)图形的绘制。

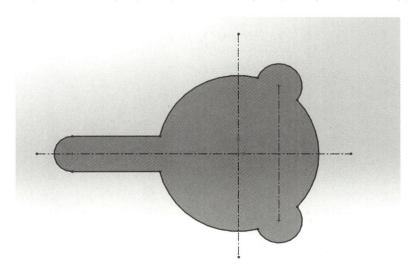

图 2-1-15　练习 1

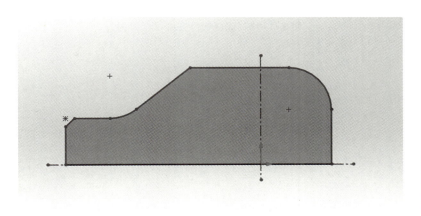

图 2-1-16　练习 2

视频:三维
草图案例

拓展案例(三维草图)

　　三维草图的绘制与二维草图不同的是在三个基准面上连续创建草图,三维草图多用于导线、管件等模型的创建,部分管件三维草图案例如图 2-1-18 所示。三维草图绘制的技巧是要用 Tab 键来转换方向。

图 2-1-17　练习 3

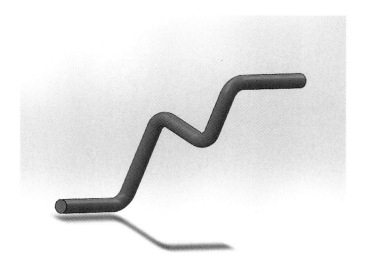

图 2-1-18　部分管件三维草图案例

工作任务二

编辑二维草图

一、任务说明

任务名称		编辑二维草图
任务目标	知识目标	1. 学会剪裁实体、延伸实体的操作。 2. 学会圆角和倒角命令的操作。 3. 学会镜像实体、等距实体、草图阵列等命令的操作
	能力目标	能使用圆角、倒角、镜像实体、等距实体完成任务图样的创建
所用设备		计算机
任务告知		通过学习能够独立完成下图的创建

二、任务学习

视频：剪裁实体

（一）草图工具

1. 剪裁实体

单击 剪裁实体 按钮，系统弹出如图 2-2-1 所示的【选项】属性管理器，有以下 5 种类型的剪裁。

（1）【强劲剪裁】：使用强劲剪裁可通过将指针拖过每个草图实体来剪裁多个相邻草图实体或沿其自然路径延伸草图实体。

（2）【边角】：延伸或剪裁两个草图实体，直到它们在虚拟边角处相交。选择剪裁对象时均应选择在保留侧。

（3）【在内剪除】：剪裁位于两个边界实体内打开的草图实体，该草图实体可以与边界相交也可以不相交。

（4）【在外剪除】：剪裁位于两个边界实体外打开的草图实体,该草图实体可以与边界相交也可以不相交。

（5）【剪裁到最近端】：将与相邻草图实体相交处草图对象逐个剪裁。

一般来说,使用【剪裁到最近端】能更自由地剪裁实体。

视频：延伸实体

2. 延伸实体

单击【延伸实体】按钮 ⊤ 延伸实体 ,可将草图实体自然延伸到与另一个草图实体相交为止。将鼠标光标指向需要延伸的草图对象,系统会自动搜寻延伸方向与其他草图相交。

视频：圆角和倒角

3. 圆角和倒角

单击【圆角】按钮下拉三角 ⌐ˎ 选择【绘制圆角】或【绘制倒角】命令即可绘制圆角或倒角。

【绘制圆角】命令是在两个草图实体的交叉处剪裁掉角部,从而生成一个切线弧,可用于直线之间、圆弧之间、直线与圆弧之间。

【绘制倒角】命令有【角度距离】和【距离-距离】两种方式,其属性管理器如图 2-2-2 所示。

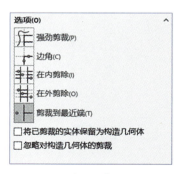

图 2-2-1　【选项】属性管理器

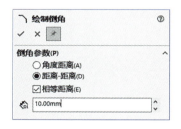

图 2-2-2　【绘制倒角】属性管理器

4. 镜像实体

单击【镜像实体】按钮 ⋈ 镜像实体 ,系统弹出【镜像】属性管理器,如图 2-2-3 所示,选择要镜像的实体和镜像轴,即可完成镜像实体。

视频：镜像实体

视频：等距实体

5. 等距实体

单击【等距实体】按钮 ⌐ 等距实体 ,系统弹出【等距实体】属性管理器,如图 2-2-4 所示,设置相关参数,然后选择要等距的实体,移动鼠标光标可看到黄色箭头,在合适一侧单击即可完成等距实体。

视频：线性阵列和圆周阵列

6. 草图阵列

草图阵列可以将实体对象多重复制并按一定的规律排布,它分为【线性阵列】和【圆周阵列】两种。

图 2-2-3 【镜像】属性管理器 图 2-2-4 【等距实体】属性管理器

（1）线性阵列：将实体对象多重复制并按线性规律排列。单击【线性阵列】按钮 ，系统弹出【线性阵列】属性管理器，如图 2-2-5 所示。在属性管理器中设置阵列的方向（1）、间距（2）、阵列数量和角度（3）等参数，然后单击要阵列的实体（4），确定后创建出线性草图阵列。

（2）圆周阵列：将实体对象多重复制并沿圆周方向规律排列。单击【圆周阵列】按钮 ，系统弹出【圆周阵列】属性管理器，如图 2-2-6 所示。在【圆周阵列】属性管理

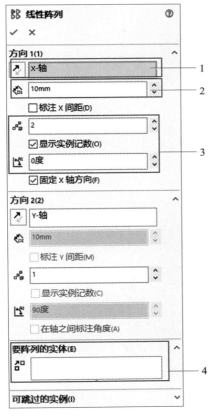

图 2-2-5 【线性阵列】属性管理器

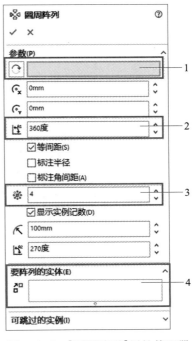

图 2-2-6 【圆周阵列】属性管理器

器中可以设置圆周阵列的中心点(1)、阵列角度(2)、阵列数量(3)和要阵列的实体(4),单击
【√】按钮后创建出圆周阵列。

（二）绘制任务图样

　　任务图样主要由直线、圆弧和圆组成。可将草图原点定义在矩形中心,先
画矩形,再做 4 个圆角(R15),然后画出左侧圆,用镜像实体将圆对称绘制,最
后用等距实体将外围线向内等距 12,完成任务图样。具体步骤如图 2-2-7、
图 2-2-8、图 2-2-9、图 2-2-10 所示。

　　步骤 1:绘制圆角矩形。

步骤 2:绘制中心线。

步骤 3:绘制左侧圆,并镜像实体。

步骤 4:等距实体。

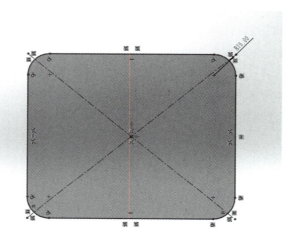

图 2-2-7　绘制圆角矩形

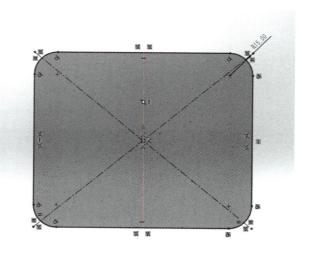

图 2-2-8　绘制中心线

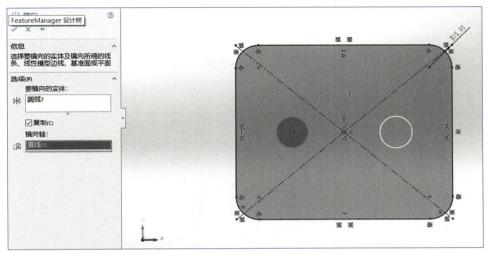

图 2-2-9　绘制左侧圆,并镜像实体

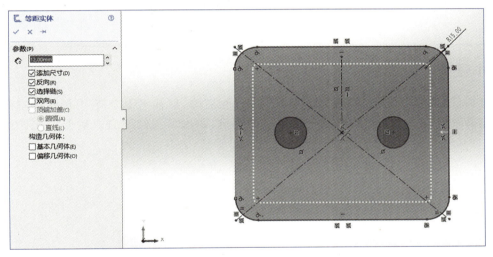

图 2-2-10　等距实体

三、任务自评

序号	学习目标	知识、技能点	自我评估结果
1	学会剪裁实体、延伸实体的操作	• 剪裁实体 • 延伸实体	□掌握 □初步掌握 □未掌握
2	学会圆角和倒角命令的操作	• 圆角 • 倒角	□掌握 □初步掌握 □未掌握

序号	学习目标	知识、技能点	自我评估结果
3	学会镜像实体、等距实体、草图阵列的操作	• 镜像实体 • 等距实体 • 草图阵列	□掌握 □初步掌握 □未掌握
4	掌握任务图样的绘制方法		□掌握 □初步掌握 □未掌握

小思考

　　复杂草图在剪裁过程中,部分细小线段容易被忽略,剪裁不干净,存有断线的草图在做三维建模时会报错。草图绘制是三维建模的基础,每次草图绘制完成后要再次仔细检查图线。

工作任务三

约束草图

一、任务说明

任务名称		约束草图
任务 目标	知识目标	1. 学会线性尺寸、圆尺寸、角度尺寸的标注方法。 2. 了解草图中常见的几何关系。 3. 学会添加几何关系的方法
	能力目标	能运用尺寸标注和添加几何关系的方法独立完成任务图样
所用设备		计算机
任务告知		通过学习能够独立完成 1. 尺寸标注 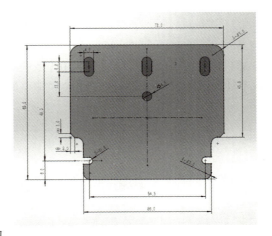 2. 拨叉轮廓图 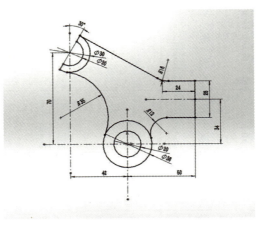

二、任务学习

草图若不能完全定义,会出现尺寸不准确,形状不固定等问题。因此,必须要使用尺寸标注和几何约束,让草图的大小和位置唯一确定下来。

(一)尺寸标注

通常使用【智能尺寸】 来快速标注线性尺寸、角度尺寸、圆或圆弧尺寸。

1. 线性尺寸

线性尺寸主要是指水平、垂直和斜线尺寸,对象是两直线、点和直线或单个直线。如任务图样中的 65、48。

2. 角度尺寸

角度尺寸在标注时要分别选取生成角度的两条直线。

3. 圆或圆弧尺寸

选取圆和圆弧,可以标注圆的直径或圆弧的半径。如任务图样中的 $\phi4.5$、$R1.6$。

(二)草图中的几何关系

1. 几何关系类型

SOLIDWORKS 软件中常见的几何关系有水平、竖直、相切、交叉、重合、对称、同心、相等、中点等。

2. 添加几何关系

SOLIDWORKS 软件默认是【自动几何关系】,在【系统选项】对话框中可进行设置,如图2-3-1 所示。按住 CTRL 键的同时,用鼠标左键选取要添加关系的对象,系统将智能化选择某种约束关系。

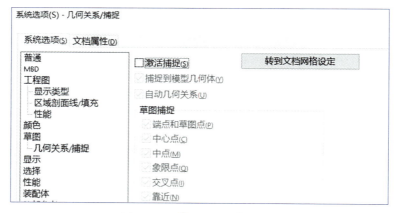

图 2-3-1　【系统选项】对话框

(三)绘制拨叉轮廓图

拨叉轮廓图主要由直线、圆弧和圆组成,如任务图样所示。可将草图原点定义在圆心,先绘制已知线段(定形、定位尺寸均已知),如 $\phi36$、$\phi20$,再绘制连接直线线段和圆弧,如 $R16$、$R12$、$R35$,最后添加约束几何关系并标注尺寸。

步骤1:绘制定位圆 $\phi36$、$\phi30$、$\phi20$,如图 2-3-2 所示。

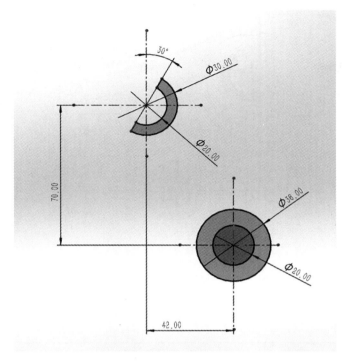

图 2-3-2　绘制拨叉定位圆

步骤 2:绘制连接直线和圆弧,如图 2-3-3 所示。

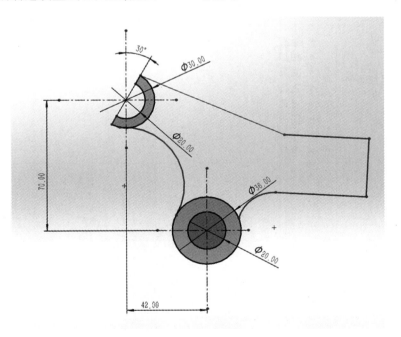

图 2-3-3　绘制连接直线和圆弧

步骤 3:添加约束几何关系并标注尺寸,如图 2-3-4 所示。

37

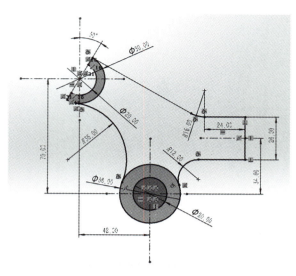

图 2-3-4 添加约束几何关系并标注尺寸

三、任务自评

序号	学习目标	知识、技能点	自我评估结果
1	学会线性尺寸、圆尺寸、角度尺寸的标注方法	• 线性尺寸 • 圆尺寸 • 角度尺寸	□掌握 □初步掌握 □未掌握
2	学会添加几何关系的方法	• 水平 • 竖直 • 相切 • 交叉 • 重合 • 对称 • 同心 • 相等 • 中点	□掌握 □初步掌握 □未掌握
3	掌握任务图样的绘制方法		□掌握 □初步掌握 □未掌握

创建工作站三维实体

零件是以三维实体形式呈现的,三维实体建模是零件设计的基础。在 SOLIDWORKS 软件中通常先绘制出二维草图,然后运用各种特征进行三维建模。本工作领域以"1+X"工业机器人应用编程职业技能等级考核使用的工作站中绘图模块的各部分零件及控制柜中的电气元件的三维实体为载体,学习建模的知识点和技能点。

工作任务要求:

1. 学会拉伸凸台/基体特征、拉伸切除特征、异形孔向导、基准面、扫描特征和镜像特征的操作方法,能正确创建托盘模型。

2. 学会阵列特征、镜像特征的操作方法,能正确创建文字板模型。

3. 学会旋转特征的操作方法,能正确创建定位销模型。

4. 能够综合运用建模特征完成典型电气元件模型的创建。

学习思维导图:

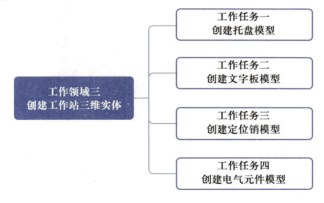

工作任务一

创建托盘模型

创建简单的零件三维模型通常会用到基础特征,例如:拉伸凸台/基体特征、拉伸切除特征、异形孔向导、基准面、扫描特征和镜像特征等。

下面以绘图模块的托盘模型为例来学习基础特征的操作方法。

一、任务说明

任务名称		创建托盘模型
任务 目标	知识目标	学会拉伸凸台/基体特征、拉伸切除特征、异形孔向导特征、基准面、扫描特征和镜像特征的操作方法
	能力目标	能正确创建托盘模型
所用设备	计算机	
任务告知	通过学习能够独立完成托盘三维模型	

二、任务学习

(一)拉伸凸台/基体特征

拉伸凸台/基体特征是最常用的特征,通常用于添加材料。草图轮廓在拉伸时,需要在【凸台拉伸】属性管理器中设置拉伸类型、方向、尺寸、所要拉伸的轮廓等。

视频:创建托盘

单击【特征】工具栏中的【拉伸凸台/基体】按钮,选择基准平面(进入草绘环境完成草图绘制后)或现有草图后,系统弹出【凸台-拉伸】属性管理器,如图3-1-1所示。

1. 绘制基板草图

基板的长、宽为 300 mm,四周倒角为 5 mm,如图 3-1-2 所示。

步骤 1:选择前视基准面,创建草图 1。

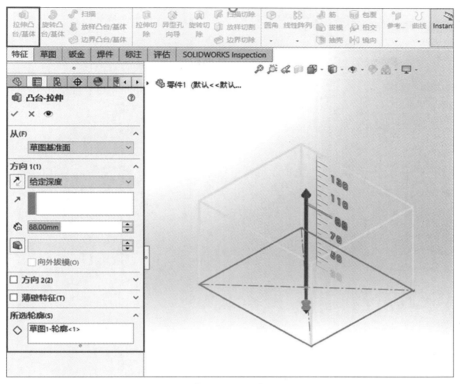

图 3-1-1　【凸台-拉伸】属性管理器

步骤2：单击【中心矩形】 ⊡，绘制矩形。

步骤3：单击【智能尺寸】 ✎，标注矩形长为300 mm，宽为300 mm。

步骤4：单击【绘制倒角】 ╲，设置倒角参数为【距离-距离】，距离为5 mm，选择矩形四个角点，完成如图3-1-2所示的基板草图。

2. 创建基板模型

步骤1：单击【特征】工具栏中的【拉伸凸台/基体】按钮 拉伸凸台/基体，草图展现为正等轴测图，且拉伸预览出现在图形区，如图3-1-3所示。

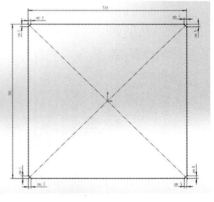

图 3-1-2　基板草图

步骤2：在【凸台-拉伸1】属性管理器中设置终止条件为【给定深度】，将深度值设置为8.00 mm，所选轮廓为草图1。

步骤3：单击【√】按钮后，基板模型创建完成。

（二）拉伸切除特征

在创建"孔"实体时，通常是在一个拉伸实体中做切除。

1. 绘制定位孔草图

步骤1：单击基板正面，在出现的提示框中单击【编辑草图】按钮 ✐，创建草图2。

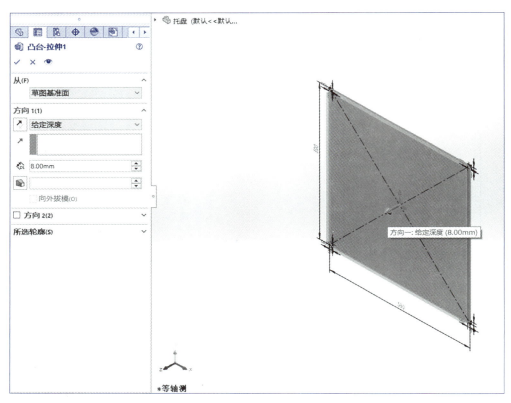

图 3-1-3　【拉伸凸台/基体】属性设置

步骤 2：利用草图中【中心线】、【圆】、【智能尺寸】和【镜像实体】完成定位孔草图的绘制，如图 3-1-4 所示。

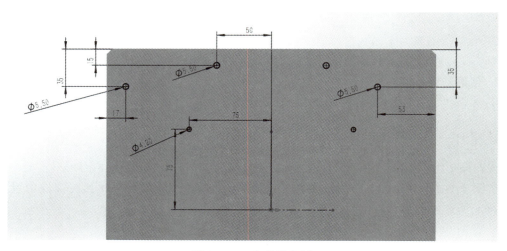

图 3-1-4　定位孔草图

2. 创建定位孔

步骤 1：退出草图后，单击【拉伸切除】按钮进行特征建模。

步骤2:在【切除-拉伸1】属性管理器中,设置终止条件为【给定深度】,将深度值设置为8.00 mm,所选轮廓为草图2,如图3-1-5所示。

步骤3:单击【√】按钮后,定位孔创建完成。

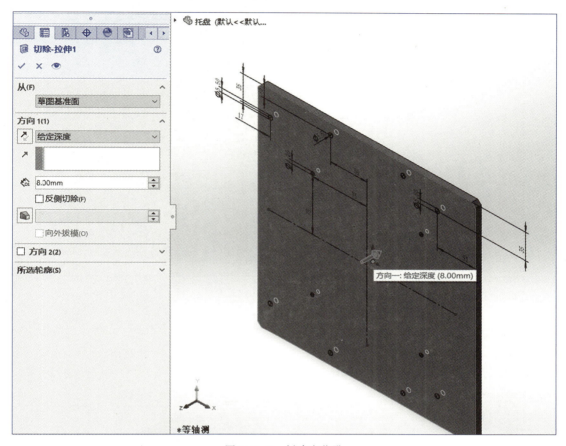

图 3-1-5　创建定位孔

(三) 异形孔向导

托盘模型中基板反面的暗销定位孔是简单直孔,可用拉伸切除特征来完成,也可以用异形孔向导快速完成。

1. 设置暗销定位孔位置

步骤1:单击【异形孔向导】按钮 ,在弹出的【孔规格】属性管理器中进行位置创建。

步骤2:单击【位置】选项卡 ,再单击草图1中的定位孔中心完成暗销定位孔的位置设定,如图3-1-6所示。

2. 创建暗销定位孔

步骤1:单击【孔规格】属性管理器的 选项卡进行特征创建。

步骤2:在【类型】选项卡中,设置标准为 GB,【类型】为【暗销孔】,自定义孔【大小】为6.5 mm,【终止条件】为【给定深度】,将深度值设置为3 mm,如图3-1-7所示。

步骤3:单击【√】按钮后,暗销定位孔创建完成。

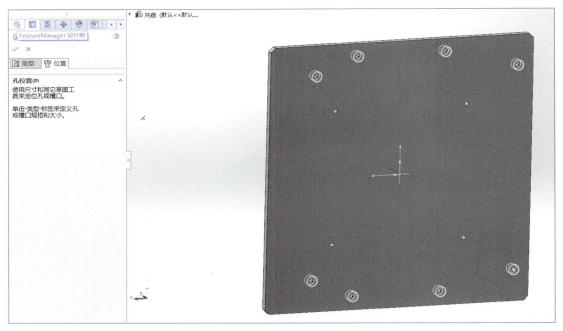

图 3-1-6 暗销定位孔位置草图

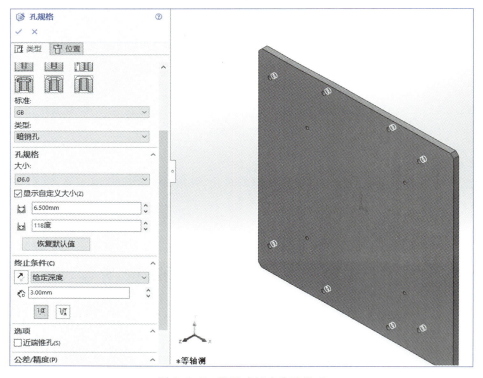

图 3-1-7 设置暗销定位孔类型

（四）基准面

在建模过程中有时会通过自定义基准面来创建草图或特征。

步骤 1：单击【特征】工具栏中的【参考几何体】按钮 ，选择 基准面，在设计树中弹出【基准面 1】属性管理器，如图 3-1-8 所示。

步骤 2：选择【第一参考】为【上视基准面】，偏移距离为 135 mm，选中【反转等距】。

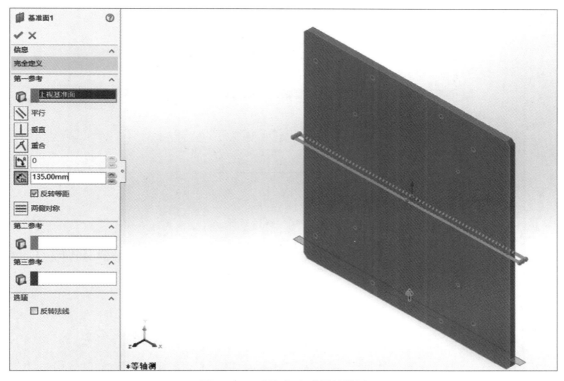

图 3-1-8　【基准面 1】属性设置

步骤 3：单击【√】按钮后，基准面 1 创建完成，如图 3-1-9 所示。

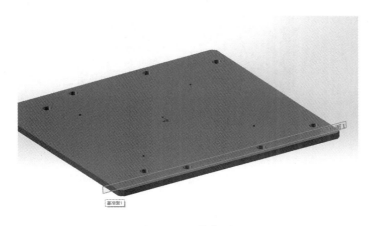

图 3-1-9　基准面 1

（五）扫描特征

扫描是指沿某一路径移动一个轮廓（剖面）来生成基体、凸台、切除或曲面。托盘中的"把手"可看成是一个圆面沿 U 形路径移动形成。扫描特征至少要有一个轮廓草图和一个路径草图。

1. 绘制草图

步骤 1：在基准面 1 上创建草图 5，绘制如图 3-1-10 所示路径草图。

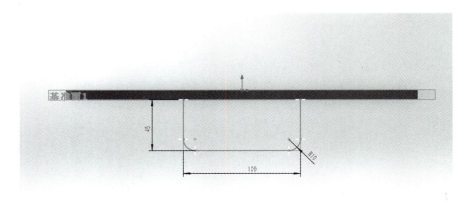

图 3-1-10　路径草图

步骤 2：在前视基准面创建草图 6，绘制轮廓草图，一个直径为 8 mm 的圆，如图 3-1-11 所示。

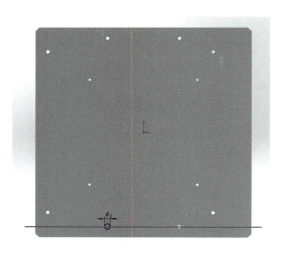

图 3-1-11　轮廓草图

2. 创建把手

步骤 1：单击【特征】工具栏中的【扫描】按钮 扫描 ，在弹出的【扫描 1】属性管理器中设置轮廓和路径，如图 3-1-12 所示。

步骤 2：单击【√】按钮后，一个把手模型创建完成，如图 3-1-13 所示。

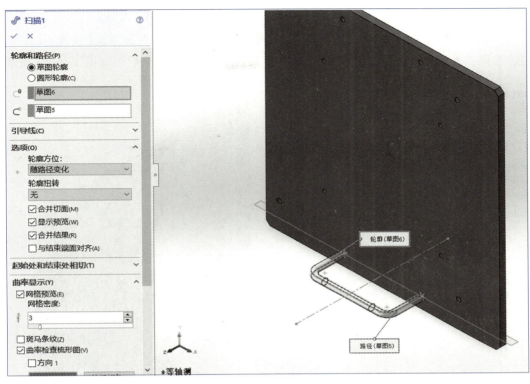

图 3-1-12 设置扫描轮廓和路径

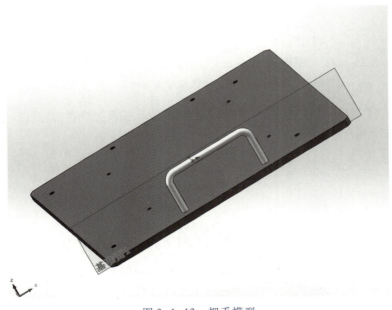

图 3-1-13 把手模型

（六）镜像特征

对于模型中相同的特征通常采用镜像的方法创建,避免重复建模。托盘上的另一侧把手可以用镜像特征来完成。

　　步骤1：单击【特征】工具栏中的【镜像】按钮 ⊞ 镜像，设计树中会弹出【镜像1】属性管理器，选择上视基准面为镜像面，要镜像的特征为上一步创建的"把手"，如图3-1-14所示。

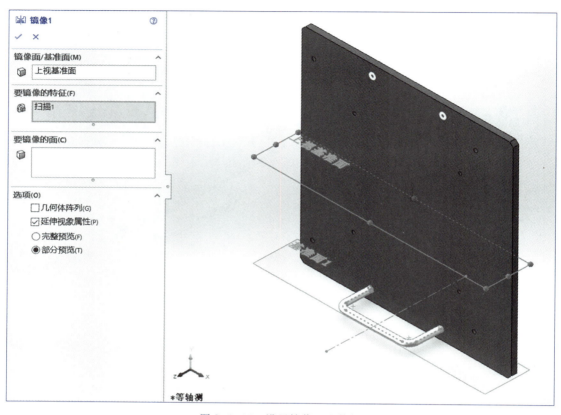

图3-1-14　设置镜像面和特征

　　步骤2：单击【√】按钮后，另一个把手模型创建完成。托盘三维建模完成效果如图3-1-15所示。将零件以"托盘"为名保存。

图3-1-15　托盘

三、任务自评

序号	学习目标	知识、技能点	自我评估结果
1	学会拉伸特征、圆角特征、倒角特征、扫描特征、基准面等操作方法	• 拉伸凸台/基体特征 • 拉伸切除特征 • 异形孔向导 • 基准面 • 扫描特征 • 镜像特征	□掌握 □初步掌握 □未掌握
2	能正确创建托盘模型		□掌握 □初步掌握 □未掌握

💡 小思考

在创建零件模型时首先要正确分析零件的结构特点,建立正确的设计思路,利用草图绘制、各类特征功能完成三维建模。

视频:创建路径的扫描

📄 拓展知识

当扫描的截面为圆形时,可采用【圆形轮廓】路径的方法快速创建扫描特征,如图 3-1-16 所示。

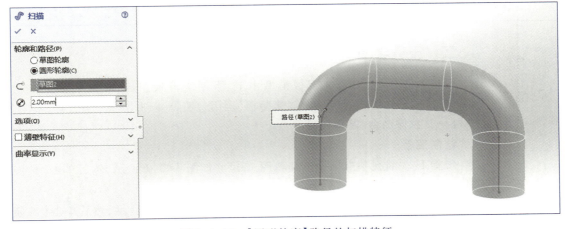

图 3-1-16 【圆形轮廓】路径的扫描特征

工作任务二

创建文字板模型

有的三维模型零件表面会将企业标识或零件铭牌打印出来,这时会用到包覆特征,将草图轮廓或者文字包裹到面上,这个面可以是平面也可以是曲面,通过包覆特征命令,可以使包裹到面上的图形凸出或者凹陷,或者直接用草图对面进行分割。

下面以绘图模块的文字板为例来学习包覆特征的操作方法。

一、任务说明

任务名称		创建文字板模型
任务目标	知识目标	学会包覆特征的操作方法
	能力目标	能正确创建文字板模型
所用设备		计算机
任务告知		通过学习能够独立创建文字板三维模型 

二、任务学习

视频:创建
文字板

由任务图样可看出,文字板模型由上、下两块薄板组成,在上板面上刻写"木"字。下面首先按给定尺寸创建薄板,再用包覆特征创建"木"字。

(一)拉伸凸台/基体特征

绘制薄板

步骤1:在前视基准面中创建草图1,尺寸如图3-2-1所示,然后单击【拉伸凸台/基体】按钮,将厚度设为2 mm。

步骤2:在创建的拉伸体前表面继续创建草图2,尺寸如图3-2-2所示,然后单击【拉伸凸台/基体】按钮,将厚度设为2 mm。

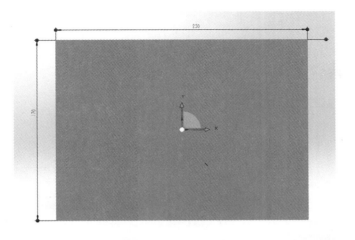

图 3-2-1　薄板 1 尺寸

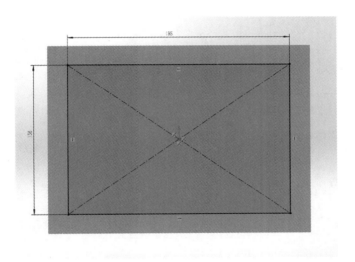

图 3-2-2　薄板 2 尺寸

（二）包覆特征

要在一个平面或曲面上创建图案并形成雕刻实体,那么可以采用【包覆】特征来完成。下面以文字板中"木"字的实体创建来学习【包覆】特征命令。

1. 绘制文字

步骤 1:在薄板 2 的前表面创建草图 3,单击【草图文字】按钮 ，系统弹出【草图文字】属性管理器,在【文字】框中输入木字,如图 3-2-3 所示。

步骤 2:在【草图文字】属性管理器下方单击【字体】按钮 字体(F)... ,在弹出的【选择字体】对话框中设置【字体】为华文楷体,【字体样式】为常规,字号为 200,如图 3-2-4 所示。

步骤 3:拖动"木"字,放置到中间位置,如图 3-2-5 所示。

注意:包覆的草图必须为闭合轮廓,在完成包覆草图后一定要查看轮廓是否闭合,否则不能完成包覆特征命令。

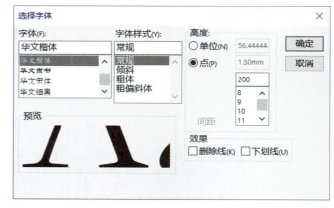

图 3-2-3　【草图文字】属性管理器　　　　图 3-2-4　设置字体样式

图 3-2-5　"木"字效果图

2. 包覆文字

步骤 1：单击【特征】工具栏中的【包覆】按钮 ，在设计树中将弹出【包覆 1】属性管理器，选择【包覆类型】为蚀雕，【包覆方法】为分析，源草图为草图 3，包覆草图的面为面 1，即薄板 2 的前表面，深度为 0.20 mm，选中【反向】复选框，如图 3-2-6 所示。

步骤 2：完成参数设置后，单击【√】按钮，完成包覆特征的创建，可将文字颜色设置为黑色，如图 3-2-7 所示。

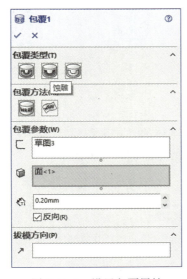

图 3-2-6　设置包覆属性

图 3-2-7　"木"字包覆效果图

三、任务自评

序号	学习目标	知识、技能点	自我评估结果
1	学会包覆特征的操作方法	包覆特征	□掌握 □初步掌握 □未掌握
2	能正确创建文字板模型		□掌握 □初步掌握 □未掌握

工作任务三

创建定位销模型

对于回转体类型的三维零件模型,通常用旋转凸台/基体的方式来创建。
下面以绘图模块的定位销模型为例来学习旋转特征和倒角的操作方法。

一、任务说明

任务名称		创建定位销模型
任务目标	知识目标	学会旋转凸台/基体特征、倒角、圆角的操作方法
	能力目标	能正确创建定位销模型
所用设备		计算机
任务告知		通过学习能够独立完成定位销三维模型

二、任务学习

（一）旋转凸台/基体特征

由任务图样可看出,定位销是回转体结构,是由某一截面绕中心轴线旋转
形成的,所以可先绘制出截面图,再用【旋转凸台/基体】特征就可以创建出
零件。

1. 绘制截面图

步骤1:在前视基准面中创建草图1,截面尺寸如图3-3-1所示。

2. 创建【旋转凸台/基体】特征

步骤1:退出草图后,单击【特征】工具栏中的【旋转凸台/基体】按钮 ，在设计树中将
弹出【旋转1】属性管理器。

步骤2:选择旋转轴为截面图中下方直线,旋转方向为给定深度,角度为360.00度,【所
选轮廓】为【草图1-局部范围<1>】,如图3-3-2所示。

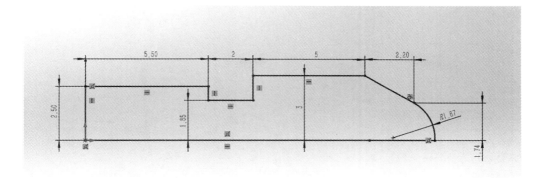

图 3-3-1　截面尺寸

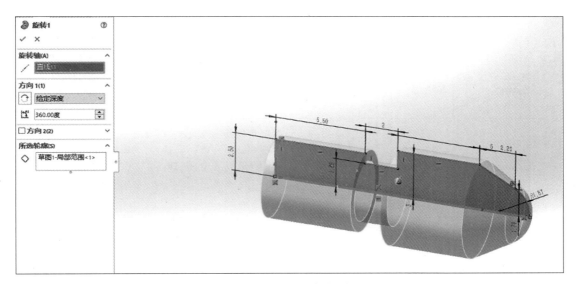

图 3-3-2　设置旋转属性

步骤 3：单击【√】按钮，旋转体创建完成。

（二）倒角、圆角特征

为了方便装配或减少体的棱角，通常会给零件中的装配位置或常接触的面做【倒角】和【圆角】处理。定位销的两个位置做倒角处理如图 3-3-3 所示，具体操作如下。

步骤 1：单击【特征】工具栏中的【倒角】按钮 ⬡ 倒角，在设计树中将弹出【倒角 1】属性管理器，选择【倒角类型】为角度

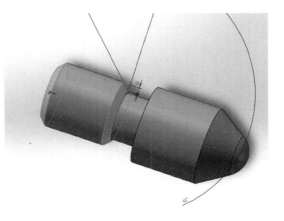

图 3-3-3　例角处理

距离，选择【要倒角化的项目】为【边线<1>】和【边线<2>】，设置【倒角参数】为 0.49 mm，45.00 度，如图 3-3-4 所示。

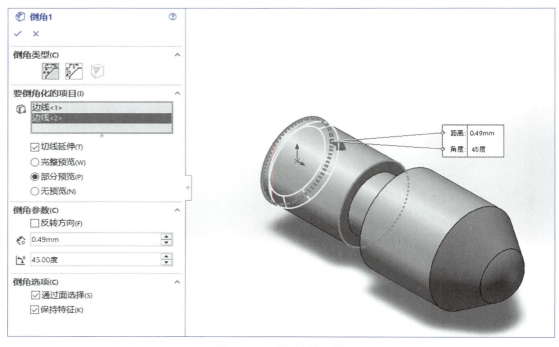

图 3-3-4　设置倒角属性

步骤 2：参数设置完成后，单击【√】按钮，完成倒角特征的创建。

三、任务自评

序号	学习目标	知识、技能点	自我评估结果
1	学会旋转凸台/基体特征的操作方法	• 旋转特征 • 倒角特征	□掌握 □初步掌握 □未掌握
2	能正确创建定位销模型		□掌握 □初步掌握 □未掌握

拓展知识

线性阵列特征，在如图 3-3-5 所示支撑块零件中，有 7 个相同的方孔，可以只用切除拉伸做出 1 个方孔，再做阵列特征。

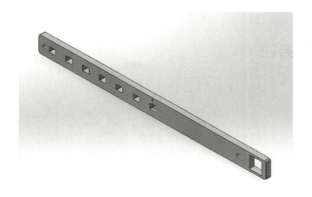

视频：线性
阵列特征

图 3-3-5　支撑块零件

步骤 1：单击【特征】工具栏中的【线性阵列】按钮 ⊞⊞线性阵列，在设计树中弹出【线性阵列】属性管理器，【方向】选择实体中水平【边线<1>】，选中【间距与实例数】复选框，分别设为 20.00 mm 和 7，选择【切除-拉伸 2】为要阵列的特征，如图 3-3-6 所示。

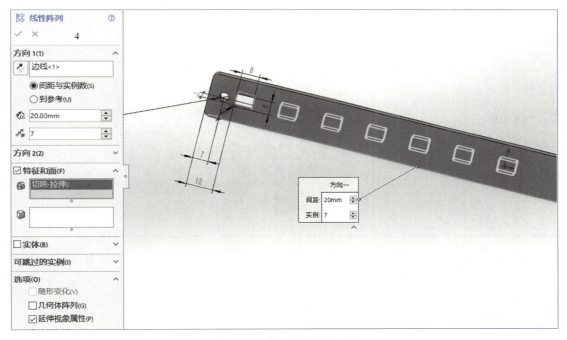

图 3-3-6　设置线性阵列属性

步骤 2：参数设置完成后，单击【√】按钮，完成线性阵列特征的创建。

工作任务四

创建电气元件模型

　　工业机器人技术岗位的维修人员最常见到的电气元件有插座、接触器、控制器件等,本任务以德力西电气元件为学习载体创建三维零件模型。创建电气元件模型的要求是保证插孔和接线孔的位置正确,为后续学习工作领域六——创建工作站电气系统做准备。

一、任务说明

任务名称		创建电气元件模型
任务目标	知识目标	熟练运用拉伸凸台/基体、拉伸切除、线性阵列、包覆等特征命令
	能力目标	能正确创建德力西电气 JSR1D-25 接触器三维模型
所用设备		计算机
任务告知	通过学习能够独立完成德力西电气 JSR1D-25 接触器三维模型	

二、任务学习

（一）创建 JSR1D-25 接触器主体

绘制草图,再以"两侧对称"方向拉伸草图 44 cm,如图 3-4-1 所示。

（二）创建表面按钮

步骤 1:绘制按钮草图,如图 3-4-2 所示。

步骤 2:方形按钮拉伸高度为 2 mm,圆形调节钮拉伸高度为 1 mm,如图 3-4-3 所示。

步骤 3:在圆形调节钮上切除十字槽,深度为 0.3 mm,如图 3-4-4 所示。

步骤 4:创建可调节钮,草图如图 3-4-5 所示,将圆形和三角形切除 0.1 mm,将十字槽切除 0.3 mm。

（三）创建接线孔

步骤 1:创建圆孔,草图如图 3-4-6 所示,切除深度为 10 mm。

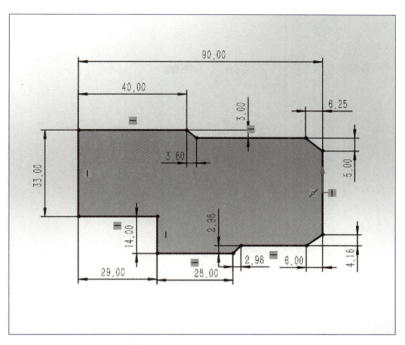

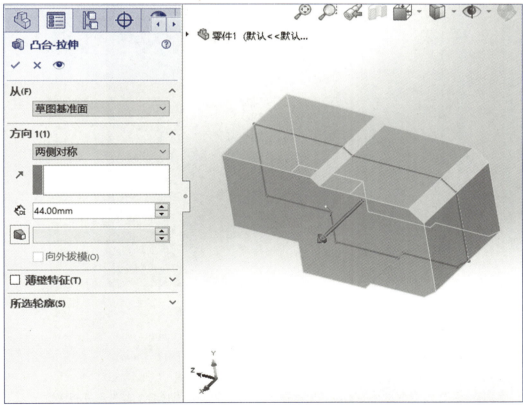

图 3-4-1 草图及其拉伸模型

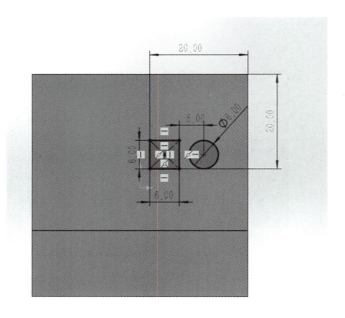

图 3-4-2　按钮草图

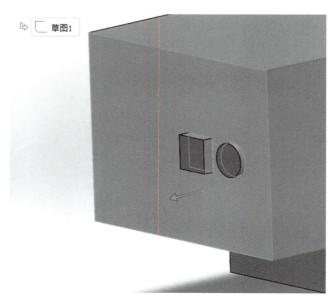

图 3-4-3　按钮拉伸模型

步骤 2：在圆孔内切除十字槽，如图 3-4-7 所示，深度为 1 mm。

步骤 3：在相邻面创建方孔，草图如图 3-4-8 所示，切除深度 3 mm。

步骤 4：将所创建的圆孔、方孔和槽做线性阵列，如图 3-4-9 所示。

步骤 5：以右视基准面为镜像面，创建圆孔、方孔和槽的镜像体，如图 3-4-10 所示。

步骤 6：用同样的方式创建第二组圆孔、方孔和槽，如图 3-4-11 所示。圆孔切除 15 mm，方孔切除 3 mm，槽切除 1 mm。

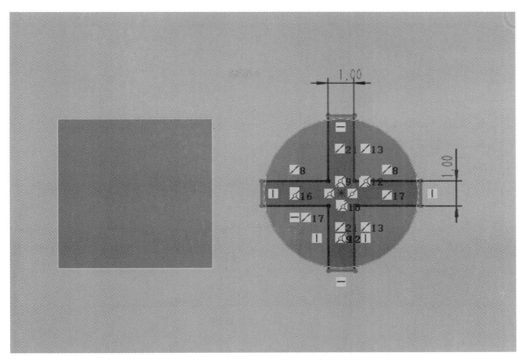

图 3-4-4　切除十字槽

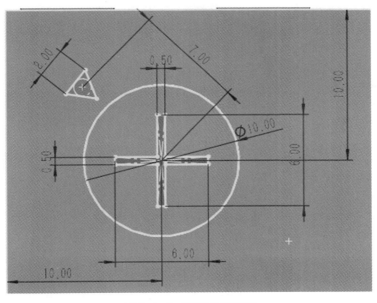

图 3-4-5　可调节钮草图

步骤 7：线性阵列第二组圆孔、方孔和槽，如图 3-4-12 所示。

（四）创建连接头

步骤 1：绘制连接头草图，如图 3-4-13 所示。

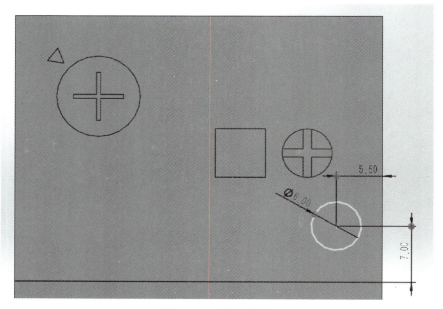

图 3-4-6　圆孔草图

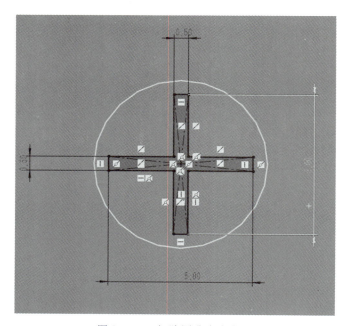

图 3-4-7　切除圆孔内十字槽

步骤 2：拉伸方形高度为 8 mm，圆形高度为 19 mm，如图 3-4-14 所示。

（五）添加外观颜色

添加外观颜色，其效果如图 3-4-15 所示。

（六）创建表面文字

如图 3-4-16 所示，采用包覆特征创建表面文字，深度为 0.3 mm。

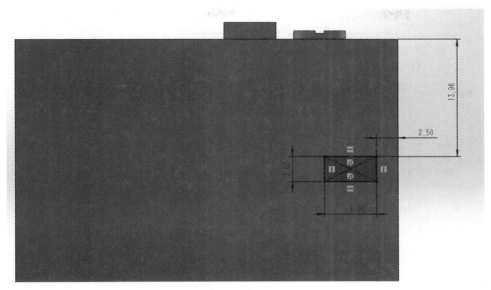

图 3-4-8　方孔草图

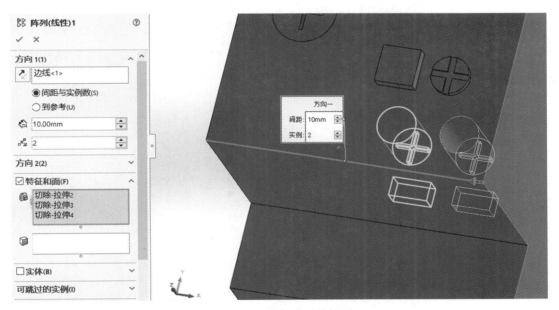

图 3-4-9　线性阵列效果图

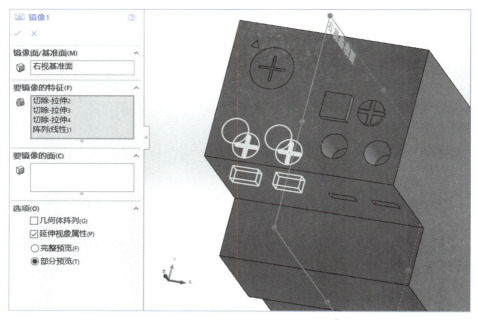

图 3-4-10　镜向效果图

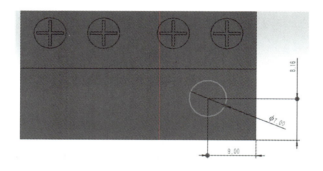

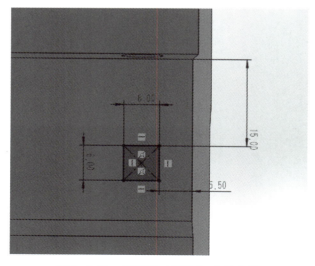

图 3-4-11　创建第二组圆孔、方孔和槽

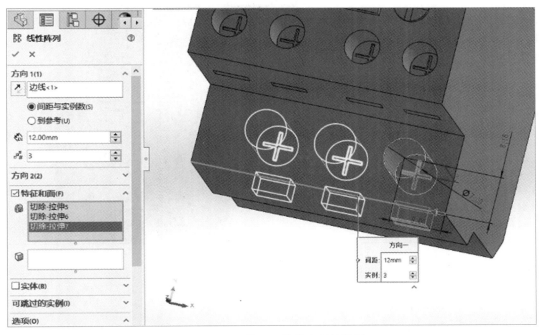

图 3-4-12 第二组线性阵列效果图

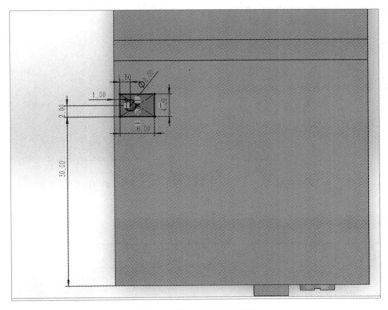

图 3-4-13 连接头草图

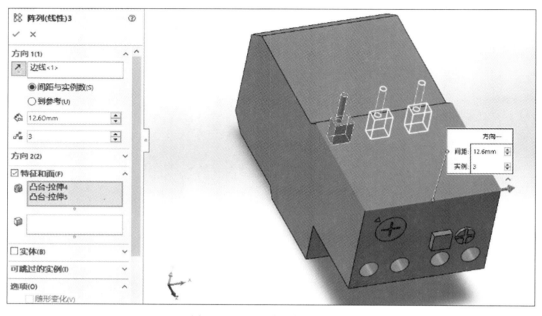

图 3-4-14 连接头拉伸效果图

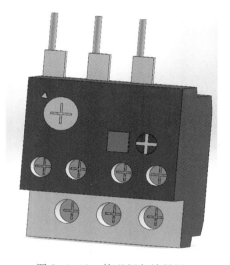

图 3-4-15 外观颜色效果图

图 3-4-16 创建表面文字

三、任务自评

序号	学习目标	知识、技能点	自我评估结果
1	综合运用拉伸凸台/基体、拉伸切除、线性阵列、镜像、包覆等特征命令	• 拉伸凸台/基体 • 拉伸切除 • 线性阵列 • 镜像 • 包覆	□掌握 □初步掌握 □未掌握

序号	学习目标	知识、技能点	自我评估结果
2	能正确创建德力西电气 JSR1D-25 接触器三维模型		□掌握 □初步掌握 □未掌握

创建绘图模块装配体

　　一个机件往往是由多个零件装配而成的,装配模块是将零件间的相对位置关系进行关联,而后形成装配体,并对装配模型进行干涉检查、碰撞检查、间隙分析等以判断装配过程有无问题或各零件的结构设计是否合理。为方便展示机件的三维设计,在装配模块中还可以创建爆炸视图,查看装配体的组成情况,描述各零件间的配合关系。

　　本工作领域以绘图模块装配体设计为载体,学习装配的知识点和技能点。

工作任务要求:

　　1. 学会插入零部件、移动零部件和旋转零部件的操作方法,完成绘图模块零部件的导入。

　　2. 学会重合、平行、垂直、相切、同轴心、距离、角度、限制配合、对称配合、宽度配合的约束操作方法,设置绘图模块零部件的装配关系。

　　3. 学会复制零部件、阵列零部件、镜像零部件的操作方法,完成绘图模块的装配。

　　4. 学会干涉检查、间隙验证、碰撞检查与动态间隙检查的方法,完成绘图模块装配体的检查验证。

　　5. 学会创建和编辑爆炸视图的操作方法,完成绘图模块的爆炸视图并导出运动仿真视频。

学习思维导图:

```
                              ┌─────────────────────┐
                              │      工作任务一       │
                              │      导入零部件       │
                              └─────────────────────┘
                              ┌─────────────────────┐
                              │      工作任务二       │
                              │     选择配合约束      │
                              └─────────────────────┘
┌──────────────┐             ┌─────────────────────┐
│  工作领域四    │             │      工作任务三       │
│创建绘图模块装配体│─────────────│      操作零部件       │
└──────────────┘             └─────────────────────┘
                              ┌─────────────────────┐
                              │      工作任务四       │
                              │      检查装配体       │
                              └─────────────────────┘
                              ┌─────────────────────┐
                              │      工作任务五       │
                              │   生成和编辑爆炸视图   │
                              └─────────────────────┘
```

工作任务一

导入零部件

在 SOLIDWORKS 软件中，单击【新建】按钮 □，选择【装配体】 ，进入装配环境。装配体也称为产品，是装配设计的最终结果。它是由零部件及其之间的配合关系组成的。装配体文件的扩展名为". sldasm"。

单击【装配体】选项卡中【插入零部件】按钮可以将单个、多个零件或子装配体导入装配环境中，再利用【移动零部件】【旋转零部件】来调整摆放的位置，以便建立配合关系。

下面以绘图模块的零部件导入为例来介绍相关操作方法。

一、任务说明

任务名称		导入零部件
任务目标	知识目标	学会插入零部件、移动零部件、旋转零部件的操作方法
	能力目标	能正确完成绘图模块零部件的导入
所用设备		计算机
任务告知		通过学习能够正确完成绘图模块零部件的导入

视频：插入单个或多个零部件

二、任务学习

（一）插入零部件

（1）进入装配环境后，系统会默认插入零部件，并弹出【开始装配体】属性管理器，如图 4-1-1 所示。

（2）单击【浏览】按钮 浏览(B)... ，系统弹出【打开】对话框，如图 4-1-2 所示。选择要插入的零部件文件，单击【打开】按钮。

（3）选定的零部件会出现在绘图区，单击鼠标左键，放置零部件，完成零部件的插入。

（4）也可以单击【装配体】工具栏中的【插入零部件】按钮 插入零部件，系统弹出【开始装配体】属性管理器,重复上述步骤,就可以完成零部件的插入。

注意:系统会默认第一个导入的零部件为固定状态,要根据装配体的实际情况,改变零部件的状态。

(二)移动零部件

导入的零部件位置可以沿某一方向平行移动调整,移动的方式有自由拖动、沿装配体 XYZ、沿实体、由 Delta XYZ、到 XYZ 位置五种,常用的是自由拖动。

视频:移动和旋转零部件

方法:单击【装配体】工具栏中的【移动零部件】按钮 移动零部件 ,系统弹出【移动零部件】属性管理器,如图 4-1-3 所示。选择【自由拖动】,单击【√】按钮,即可自由拖动零部件。

(三)旋转零部件

导入零部件的摆放位置可以沿某一中心旋转调整,旋转的方式有自由拖动、对于实体、由 Delta XYZ 三种,常用的是自由拖动。

方法:单击【装配体】工具栏中的【旋转零部件】按钮 旋转零部件 ,系统弹出【旋转零部件】属性管理器,如图 4-1-4 所示。选择【自由拖动】,单击【√】按钮,即可以按自由拖动方式旋转零部件。

注意:除以上方法外,常用的移动和旋转零部件的方法还有【以三重轴移动】。右击要移动或旋转的零部件,在弹出的快捷菜单中选择【以三重轴移动】,如图 4-1-5 所示,在零部件的中心位置出现三重轴,可以选择合适的方向轴进行移动或旋转零部件。

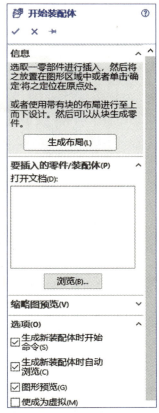

图 4-1-1 【开始装配体】属性管理器

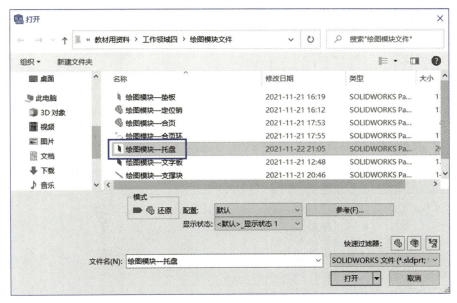

图 4-1-2 【打开】对话框

图 4-1-3　【移动零部件】属性管理器　　　图 4-1-4　【旋转零部件】属性管理器

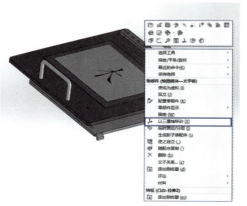

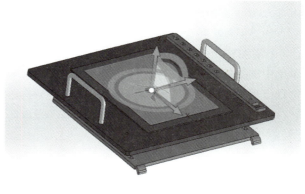

图 4-1-5　【以三重轴移动】命令

三、任务自评

序号	学习目标	知识、技能点	自我评估结果
1	学会插入零部件、移动零部件、旋转零部件的操作方法	● 插入零部件 ● 移动零部件 ● 旋转零部件	□掌握 □初步掌握 □未掌握

序号	学习目标	知识、技能点	自我评估结果
2	能正确完成绘图模块零部件的导入	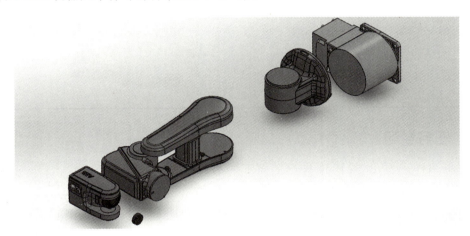	□掌握 □初步掌握 □未掌握

小练习

导入 ABB 机器人本体零部件(见图 4-1-6)。

图 4-1-6　ABB 机器人本体零部件

工作任务二

选择配合约束

要将导入的零部件组装起来,应在各零部件之间生成几何约束关系,例如:重合、相切、同轴心等。在完成装配关系后,零部件的某些自由度会消除,它只能在规定的范围内运动。

下面以绘图模块各零部件的几何约束关系为例来介绍配合约束的操作方法。

一、任务说明

任务名称		选择配合约束
任务目标	知识目标	学会重合、平行、垂直、相切、同轴心、距离、对称、宽度的操作方法
	能力目标	能正确配合约束绘图模块各零部件
所用设备	计算机	
任务告知	通过学习能够独立完成绘图模块各零部件的配合约束,除合页环可旋转外,其他零部件不可动 	

二、任务学习

由任务图样可看出,绘图模块自上而下的组合顺序是:文字板、合页环、合页、垫板、支撑块、托盘、定位销。装配时主要是面与面的重合约束,合页与合页环用到了同轴心约束,支撑块和垫板用到相切约束等。

单击【装配体】工具栏中的【配合】按钮 ⬭ ,系统会弹出【配合】属性管理器,如图 4-2-1 所示。在【配合选择】框中选择要配合的几何体,系统会智能选择配合类型,例如:选择"托盘面"和"支撑块面",系统会默认为是重合约束,如图 4-2-2 所示。

(一)标准配合类型

标准配合类型及其说明见表 4-2-1。

注意:只有适用于当前选择的配合才可供使用;当需要为配合选择被遮挡面时,可以使用 Alt 键来临时隐藏面。

图 4-2-1 【配合】属性管理器

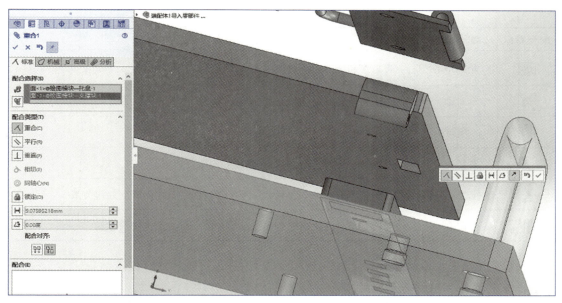

图 4-2-2 智能配合约束

表 4-2-1 标准配合类型及其说明

配合图标	配合类型	配合说明
	重合	将所选面、边线及基准面定位(相互组合或与单一顶点组合),这样它们就共享同一无限基准面。定位两个顶点使它们彼此接触
	平行	放置所选项,使它们彼此间保持等间距
	垂直	将所选项以彼此间 90°角度放置
	相切	放置所选项,使它们彼此相切。至少一个选定项必须为圆柱、圆锥或球面
	同轴心	放置所选项,使它们共享同一中心线
	锁定	保持两个零部件之间的相对位置和方向
	距离	将所选项以彼此间指定的距离而放置
	角度	将所选项以彼此间指定的角度而放置

(二)高级配合类型

高级配合类型及其说明见表 4-2-2。

(三)基本配合操作

1. 添加配合

步骤 1:单击【装配体】工具栏中【配合】按钮，或单击【插入】→【配合】菜单命令。在弹出的【配合】属性管理器中,选择【标准】【高级】或【机械】选项卡。

表4-2-2　高级配合类型及其说明

配合图标	配合类型	配合说明
⊕	轮廓中心	将矩形和圆形轮廓中心对齐,并完全定义组件
▢	对称	迫使两个相同实体绕基准面或平面对称
‖	宽度	约束两个平面之间的标签
⟋	路径配合	将零部件上所选的点约束到路径
↙	线性/线性耦合	在一个零部件的平移和另一个零部件的平移之间建立几何关系
⊢‖⟋	限制	允许零部件在距离配合和角度配合的一定数值范围内移动

步骤2:在【配合选择】📌框下,为【要配合的实体】选择要配合的实体。

步骤3:系统弹出配合工具栏,选择所需要的配合。

步骤4:单击【√】按钮以创建配合。

2. 修改配合

步骤1:在设计树中,右击一个或多个配合,在弹出的菜单中单击【编辑特征】。

步骤2:当配合出现在属性管理器中的【配合约束】下,图形区域中相关的几何实体会高亮显示。

步骤3:在属性管理器中,重新选择需要的配合。

步骤4:单击【确认】按钮 ✓ 以完成修改配合。

3. 删除配合

步骤1:在设计树中右击该配合。

步骤2:执行以下操作之一:

(1) 按 Delete 键。

(2) 单击【编辑】→【删除】命令。

(3) 右击,然后单击【删除】命令。

步骤3:单击【是】按钮确认删除。

(四) 绘图模块零部件配合操作步骤

视频:配合
约束支撑块

步骤1:配合约束支撑块。

◎同轴心1(绘图模块—托盘<1>,绘图模块—支撑块<1>)

人重合1(绘图模块—托盘<1>,绘图模块—支撑块<1>)

◎同轴心2(绘图模块—托盘<1>,绘图模块—支撑块<1>)

步骤2:配合约束垫板。

视频:配合
约束垫板

◐相切1(绘图模块—托盘<1>,绘图模块—垫板<1>)

◐相切2(绘图模块—支撑块<1>,绘图模块—垫板<1>)

人重合3(绘图模块—支撑块<1>,绘图模块—垫板<1>)

⼤重合 9(绘图模块—支撑块<1>,绘图模块—垫板<1>)

步骤 3:配合约束合页。

◎同轴心 3(绘图模块—固定合页 1<1>,绘图模块—固定合页 2<1>)

⼤重合 4(绘图模块—固定合页 1<1>,绘图模块—固定合页 2<1>)

◎同轴心 4(绘图模块—垫板<1>,绘图模块—固定合页 1<1>)

◎同轴心 5(绘图模块—垫板<1>,绘图模块—固定合页 1<1>)

⼤重合 5(绘图模块—垫板<1>,绘图模块—固定合页 1<1>)

步骤 4:配合约束合页环。

◎同轴心 5(绘图模块—合页<1>,绘图模块—合页环<1>)

⼤重合 8(绘图模块—合页<1>,绘图模块—合页环<1>)

步骤 5:配合约束文字板。

⼤重合 7(绘图模块—托盘<1>,绘图模块—文字板<1>)

⼤重合 8(绘图模块—固定合页 1<1>,绘图模块—文字板<1>)

↔距离 1(绘图模块—垫板<1>,绘图模块—文字板<1>)

◎相切 4(绘图模块—固定合页 2<1>,绘图模块—文字板<1>)

步骤 6:配合约束定位销。

◎同轴心 6(绘图模块—支撑块<2>,绘图模块—定位销<2>)

⼤重合 10(绘图模块—支撑块<2>,绘图模块—定位销<2>)

◎同轴心 7(绘图模块—托盘<1>,绘图模块—定位销<3>)

⼤重合 11(绘图模块—支撑块<1>,绘图模块—定位销<3>)

视频:配合
约束合页

视频:配合
约束合页环

视频:配合
约束文字板

视频:配合
约束定位销

三、任务自评

序号	学习目标	知识、技能点	自我评估结果
1	学会重合、平行、垂直、相切、同轴心、距离、对称、宽度的操作方法	• 重合 • 平行 • 垂直 • 相切 • 同轴心 • 距离 • 对称 • 宽度	□掌握 □初步掌握 □未掌握
2	能正确完成绘图模块各零部件的配合约束,除合页环可旋转外,其他零部件不可动		□掌握 □初步掌握 □未掌握

小思考

在创建装配体时首先要正确分析各零部件的组合关系,建立科学的设计思路,规范操作配合约束,完成装配体。

小练习

完成 ABB 机器人本体零部件的装配,其装配体如图 4-2-3 所示。

图 4-2-3　机器人装配体图

工作任务三
操作零部件

　　在装配体中添加相同的零部件可以采用复制零部件、阵列零部件、镜像零部件的操作方法来快速创建。新创建的零部件数据还保持在源零部件文件中。对零部件文件所进行的任何改变都会更新装配体。

　　下面以绘图模块中多个支撑块、合页和定位销的创建为例来介绍操作零部件的方法。

一、任务说明

任务名称		操作零部件
任务目标	知识目标	学会在装配体环境中复制零部件、阵列零部件、镜像零部件的操作方法
	能力目标	能快速创建多个支撑块、合页和定位销
所用设备	计算机	
任务告知	通过学习能够添加绘图模块中的多个支撑块、合页和定位销	

二、任务学习

（一）复制零部件

复制零部件可采用两种方式完成，具体步骤如下：

1. 复制多个零部件

　　步骤 1：在设计树中，按住【Ctrl】键的同时选择要复制的部件（这里选择支撑块），如图 4-3-1 所示。

　　步骤 2：按住【Ctrl】键的同时拖动选定的部件并将其放置到绘图区中。

　　步骤 3：创建部件的新实例。在新实例之间保留选定的部件之间存在的配合。

视频：复制零部件

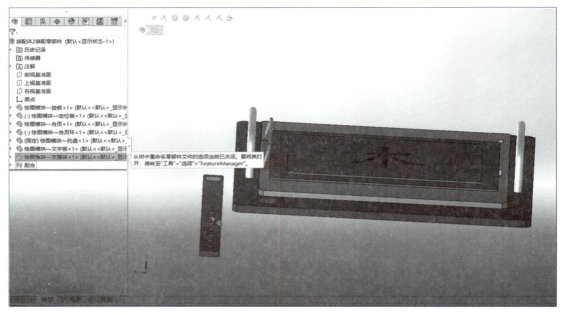

图 4-3-1 复制零部件

2. 复制带配合的零部件

在装配体中复制零部件实例时,可以包括原始实例中的配合。没有必要为每个新实例手动生成配合。

步骤 1:单击【装配体】工具栏中的【随配合复制】按钮 或单击【插入】→【插入零部件】→【随配合复制】菜单命令(如图 4-3-2 所示)。

图 4-3-2 随配合复制

步骤 2:在弹出的【随配合复制】属性管理器中设定要复制的源零部件,单击鼠标右键,如图 4-3-3 所示。

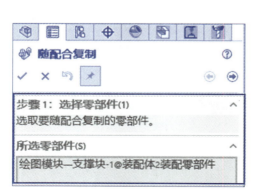

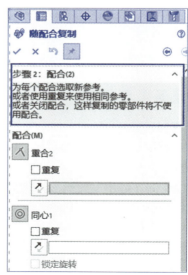

图 4-3-3 【随配合复制】属性管理器

步骤 3：属性管理器将继续打开，选择要重复的配合。

步骤 4：再次单击【 ✓ 】按钮关闭属性管理器，完成【随配合复制】。

（二）阵列零部件

阵列零部件操作方法有以下 6 种方式。

1. 线性零部件阵列

以一个或两个方向在装配体中生成零部件线性阵列。单击【装配体】选项卡中的【线性零部件阵列】按钮 或单击【插入】→【零部件阵列】→【线性阵列】菜单命令。

2. 圆周零部件阵列

以一个圆周方向在装配体中生成零部件圆周阵列。单击【装配体】工具栏中的【线性零部件阵列】→【圆周零部件阵列】按钮，或单击【插入】→【零部件阵列】→【圆周阵列】菜单命令。

3. 阵列驱动零部件阵列

使用一个现有阵列来生成新的零部件阵列。单击【装配体】工具栏中的【线性零部件阵列】→【阵列驱动零部件阵列】按钮 或单击【插入】→【零部件阵列】→【阵列驱动】菜单命令。

4. 草图驱动零部件阵列

利用二维或三维草图生成零部件阵列。单击【装配体】工具栏中的【线性零部件阵列】→【草图驱动零部件阵列】按钮，或单击【插入】→【零部件阵列】→【草图驱动】菜单命令。

5. 曲线驱动零部件阵列

利用二维或三维曲线生成零部件阵列。单击【装配体】选项卡中的【线性零部件阵列】→【曲线驱动零部件阵列】按钮，或单击【插入】→【零部件阵列】→【曲线阵列】菜单命令。

6. 链零部件阵列

沿着开环或闭环路径阵列零部件，从而对滚柱链、能量链和动力传动零部件进行仿真。单击【装配体】工具栏中的【链阵列】按钮 或单击【插入】→【零部件阵列】→【链阵列】菜单命令。

下面用【线性零部件阵列】完成 4 个定位销的添加。

步骤 1：单击【线性零部件阵列】按钮 或单击【插入】→【零部件阵列】→【线性阵列】菜单命令。

步骤 2：在弹出的【线性阵列】属性管理器中，指定【方向 1】下的选项，如图 4-3-4 所示。

步骤 3：在【线性阵列】属性管理器中，指定【方向 2】下的选项，如图 4-3-4 所示。

步骤 4：在【要阵列的零部件】中单击 ，然后选择源零部件（这里选择定位销）。

步骤 5：参数设置完成后，单击【 ✓ 】按钮，完成 4 个定位销的添加。

（三）镜像零部件

在装配体中，可以通过镜像现有的零部件（零件或子装配体）来添加零部件。下面用【镜像零部件】 完成合页及合页环的添加。

视频：阵列
零部件

视频：镜像
零部件

图 4-3-4　【线性阵列】属性管理器

步骤 1：单击【装配体】工具栏中的【线性零部件阵列】按钮 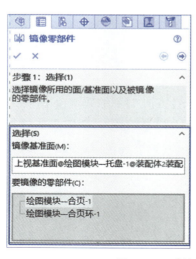 或单击【插入】→【零部件阵列】→【镜像零部件】菜单命令 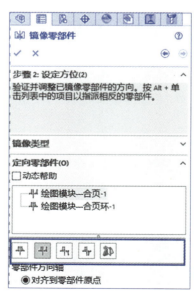。

步骤 2：在弹出的【镜像零部件】属性管理器中选择【镜像基准面】和【要镜像的零部件】，如图 4-3-5 所示。

图 4-3-5　【镜像零部件】属性管理器

步骤 3:设定方位。用户可以指定每个零部件镜像生成的方向,如图 4-3-5 所示,"合页-1"镜像方向为:X 轴镜像并反转,Y 轴镜像。

步骤 4:参数设置完成后,单击【✓】按钮,完成合页及合页环的添加。

三、任务自评

序号	学习目标	知识、技能点	自我评估结果
1	学会复制零部件、阵列零部件、镜像零部件的操作方法	● 复制零部件 ● 阵列零部件 ● 镜像零部件	□掌握 □初步掌握 □未掌握
2	能正确添加绘图模块中的多个支撑块、合页、定位销模型		□掌握 □初步掌握 □未掌握

小练习

用"机器人工作站防护栏"文件夹中的模型,按图 4-3-6 所示完成工作站防护栏的装配。

视频:装配防护栏

图 4-3-6　防护栏装配体

工作任务四

检查装配体

　　产品设计完成后,在投产之前要通过三维设计中的装配设计检查功能来检测和验证零部件的装配关系是否存在问题,这样做能避免零部件的配合不匹配,节省开发成本并提高生产效率。

　　下面以绘图模块装配体为例来介绍干涉检查、间隙验证和孔对齐的操作方法。

一、任务说明

任务名称		检查装配体
任务目标	知识目标	学会干涉检查、间隙验证和孔对齐的操作方法
	能力目标	能独立完成装配体的检查验证
所用设备		计算机
任务告知		通过学习能够使用命令对绘图模块装配体进行检查验证 

二、任务学习

视频:干涉检查

(一) 干涉检查

　　干涉检查:识别零部件之间的干涉,可以将干涉的真实体积显示为上色体积,区分重合干涉和标准干涉,选择忽略要排除的干涉,并隔离干涉,以便在绘图区中查看。干涉检查对复杂的装配体非常有用,具体操作步骤如下。

　　步骤 1:打开"装配体 4 检查装配体"。

　　步骤 2:切换到【评估】工具栏,单击【干涉检查】按钮▣或单击【工具】→【评估】→【干涉检查】菜单命令,在设计树将弹出【干涉检查】属性管理器,如图 4-4-1 所示。

　　步骤 3:选择要检查的装配体,单击【计算】按钮,在【结果】栏中会显示发生的干涉。

(二) 间隙验证

　　间隙验证:可以检查装配体中所选零部件之间的间隙,可以设置检查零部件之间的最小距离,并报告不满足指定的可接受的最小间隙的间隙。具体操作步骤如下。

步骤 1:打开"装配体 4 检查装配体"。

步骤 2:单击【间隙验证】按钮或单击【工具】→【评估】→【间隙验证】菜单命令。

视频:间隙验证

步骤 3:选择要检查的装配体,指定要检查的间隙范围,如图 4-4-2 所示。

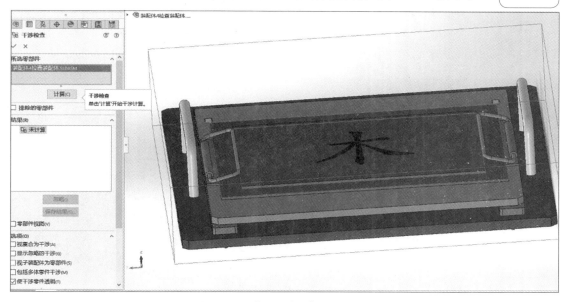

图 4-4-1 【干涉检查】属性管理器

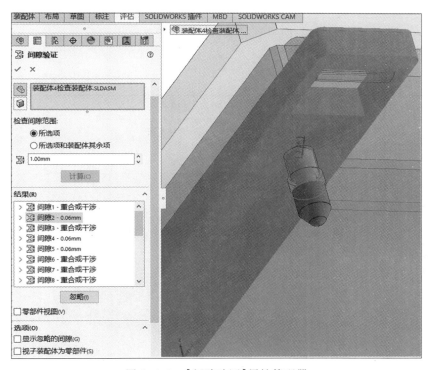

图 4-4-2 【间隙验证】属性管理器

步骤4:单击【计算】按钮,在【结果】栏中会显示间隙检查的结果。例如:0.06 mm是支撑块和定位销之间的空隙。

视频:
孔对齐

(三) 孔对齐

孔对齐:检查装配体中是否存在未对齐的孔。具体操作步骤如下。

步骤1:打开"装配体4检查装配体"。

步骤2:单击【孔对齐】按钮或单击【工具】→【评估】→【孔对齐】菜单命令。

步骤3:选择要检查的零部件,指定要检查的孔中心误差,如图4-4-3所示。

步骤4:单击【计算】按钮,在【结果】栏中会显示【孔对齐】检查的结果。

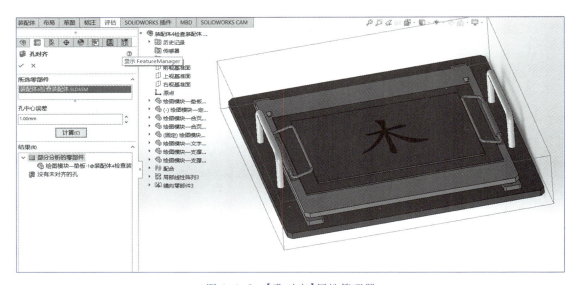

图4-4-3　【孔对齐】属性管理器

三、任务自评

序号	学习目标	知识、技能点	自我评估结果
1	学会干涉检查、间隙验证和孔对齐的操作方法	• 干涉检查 • 间隙验证 • 孔对齐	□掌握 □初步掌握 □未掌握
2	能使用命令对装配体进行检查验证		□掌握 □初步掌握 □未掌握

工作任务五
生成和编辑爆炸视图

在完成零部件的装配后,为了在制造、维修及销售中直观地分析各个零部件之间的相互关系,还可以在三维设计中将装配图按照零部件的配合条件产生爆炸视图,以便直观地展示各个零部件的相对位置,展现装配过程。

下面以生成和编辑绘图模块装配体的爆炸视图为例来介绍具体的操作方法。

一、任务说明

任务名称		生成和编辑爆炸视图
任务目标	知识目标	学会生成爆炸步骤、编辑爆炸步骤、生成动画爆炸视图的操作方法
	能力目标	能导出绘图模块装配体的爆炸视图
所用设备	计算机	
任务告知	通过学习能够完成绘图模块装配体的爆炸视图 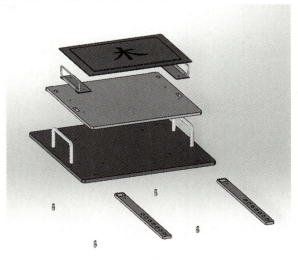	

二、任务学习

(一) 生成爆炸步骤

步骤1:打开"装配体5 生成和编辑爆炸视图"文件。

步骤2:单击【爆炸视图】按钮或单击【插入】→【爆炸视图】菜单命令。

步骤3:在弹出的【爆炸】属性管理器中默认匹配【爆炸步骤1】，选择第

视频:生成爆炸视图

一个要配置的零部件,该零部件将显示在【爆炸步骤零部件】中,旋转及平移控制光标将出现在所要配置的零部件中,拖动控制光标并设置距离或旋转角度,如图4-5-1所示。

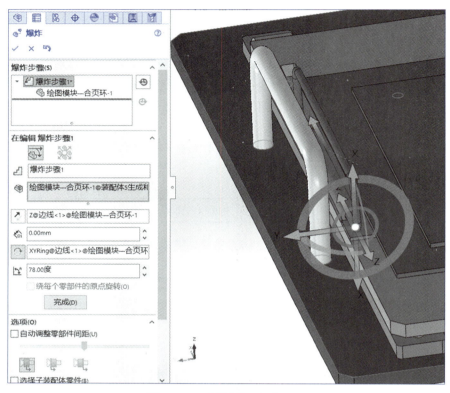

图4-5-1　【爆炸】属性管理器

步骤4:单击【完成】按钮,爆炸步骤显示在【爆炸步骤】下。

步骤5:重复上述操作,依次完成其他零部件的爆炸步骤。然后单击【✓】按钮。

小技巧

移动或对齐控制光标。

● 拖动中心球。

● 按住 Alt 键并拖动中心球或臂杆将其放在边线或面上,以使平移控制光标对齐该边线或面。

● 按住 Alt 键并拖动中心球或圆将其放在曲边或曲面上,以使旋转控制光标对齐该曲边或曲面。

● 右击中心球并选择对齐到、与零部件原点对齐、或与装配体原点对齐。

● 在【爆炸】属性管理器中,选中【绕每个零部件的原点旋转】。

（二）编辑爆炸步骤

在爆炸视图状态下,单击【配置】按钮，右击【爆炸步骤】,然后在弹出的菜单中选择【编辑爆炸步骤】,如图4-5-2所示。在弹出的【爆炸】属性管理器中重新拖动平移或旋转控制光标以修改爆炸设置。

（三）爆炸和解除爆炸视图

在【配置】属性管理器中双击【爆炸视图】，或右击【爆炸视图】，然后在弹出的菜单中选择【爆炸】或【解除爆炸】，如图4-5-3所示。

（四）动画爆炸和动画解除爆炸

1. 动画爆炸和动画解除爆炸的操作方法

【动画解除爆炸】仅限装配体。在【配置】属性管理器中右击【爆炸视图】，然后在弹出的菜单中选择【动画爆炸】或【动画解除爆炸】，如图4-5-4所示。

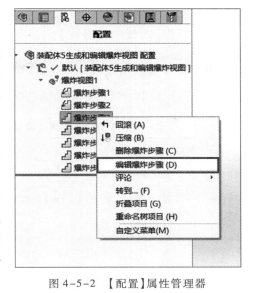

视频：绘图模块装配体爆炸视图

视频：解除爆炸和动画解除爆炸

图4-5-2　【配置】属性管理器

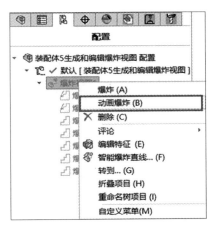

图4-5-3　【爆炸】或【解除爆炸】

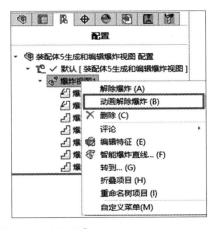

图4-5-4　【动画爆炸】或【动画解除爆炸】

2. 动画控制器工具栏

在生成【动画爆炸】或【动画解除爆炸】时系统将弹出【动画控制器】工具栏并且对动画提供基本控制,如图 4-5-5 所示。

图 4-5-5 【动画控制器】工具栏

在【动画控制器】工具栏中可以选择动画播放模式,动画工具类型及说明见表 4-5-1。

表 4-5-1 动画工具类型及说明

工具图标	工具类型	工具说明
▶	播放	播放动画。与暂停 ❚❚ 共享控件
❚❚	暂停	暂停动画。单击播放 ▶ 来恢复
◀❚	开始	将动画返回到第一个画面
◀❚	上一步	单击后将动画返回到上一个画面
❚▶	下一步	单击后将动画移到下一个画面
❚▶	结束	将动画移到最后一个画面
→	正交	从开始到结束显示动画一次,然后停止
↻	循环	以连续的循环方式显示动画,直至单击暂停 ❚❚
↔	往复	以往复的连续循环方式显示动画,直至单击暂停 ❚❚
▶×½	慢速播放	以一半正常速度播放动画
▶×2	快速播放	以两倍的正常速度播放动画

视频:动画向导

(五)动画向导

单击【运动算例1】选项卡(位于绘图区下部【模型】选项卡右边),然后单击【动画向导】按钮 📷,如图 4-5-6 所示,系统将弹出【动画向导】属性管理器。

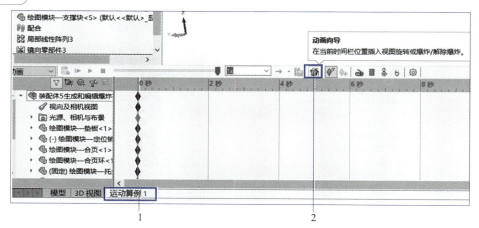

图 4-5-6 【运动算例 1】选项卡界面

在【动画向导】属性管理器中选择【爆炸】或【解除爆炸】，然后单击【下一页】按钮，可对动画期间持续时间的进行完全控制，如图 4-5-7 和图 4-5-8 所示。

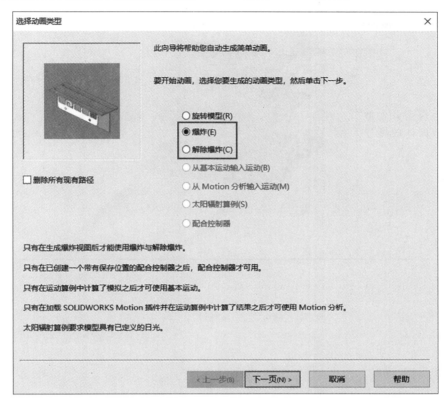

图 4-5-7　选择动画类型

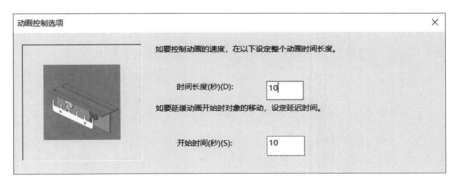

图 4-5-8　动画控制选项

三、任务自评

序号	学习目标	知识、技能点	自我评估结果
1	学会生成爆炸步骤、编辑爆炸步骤、生成动画爆炸视图的操作方法	• 生成爆炸步骤 • 编辑爆炸步骤 • 爆炸和解除爆炸视图 • 动画爆炸和动画解除爆炸	□掌握 □初步掌握 □未掌握

序号	学习目标	知识、技能点	自我评估结果
2	能导出绘图模块装配体的爆炸视图		□掌握 □初步掌握 □未掌握

创建机器人工作站外围零件

在 SOLIDWORKS 软件中可以直接使用各种类型的法兰、薄片等特征,正交切除、边角处理以及边线切口等钣金操作变得非常容易,可以直接进行按比例放样折弯、圆锥折弯、复杂的平板型式的处理。

SOLIDWORKS 软件中钣金设计的方式与零件设计完全一样,用户界面和环境也相同,而且还可以在装配环境下进行关联设计;自动添加与其他相关零部件的关联关系,修改其中一个钣金件的尺寸,其他与之相关的钣金件或其他零件会自动进行修改。

钣金件通常都是外部围绕件或包容件,需要参考别的零部件的外形和边界,从而设计出相关的钣金件,以达到其他零部件的修改变化会自动影响到钣金件变化的效果。

本工作领域中以电气控制柜设计为载体学习钣金设计的知识点和技能点。

工作任务要求:

1. 学会创建法兰的使用方法,完成控制柜中导轨、导线槽钣金件的建模。
2. 学会褶边、展开命令的使用方法,完成控制柜门板钣金件的建模。
3. 学会折弯、通风口、成型工具的使用方法,完成控制柜柜体钣金件的建模。

学习思维导图:

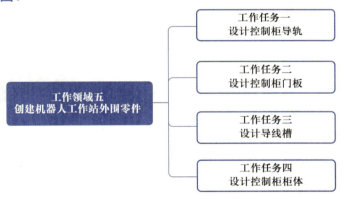

工作任务一

设计控制柜导轨

　　利用 SOLIDWORKS 软件中的钣金功能,在基体法兰的基础上合理利用常用钣金特征工具如斜接法兰、镜像、拉伸切除、阵列等相关命令完成控制柜导轨钣金件的三维模型创建。

　　下面以控制柜导轨为例来介绍钣金设计特征的操作方法。

一、任务说明

任务名称		设计控制柜导轨
任务目标	知识目标	1. 学会钣金基体法兰的创建方法。 2. 学会钣金斜接法兰的创建方法。 3. 学会镜像、阵列命令的使用方法
	能力目标	能够使用基体法兰和斜接法兰完成导轨模型的设计
所用设备		计算机
任务告知		通过学习能够明确钣金三维零件的设计过程,独立完成以下模型的创建

视频：开环
轮廓

视频：闭环
轮廓

二、任务学习

（一）基体法兰

　　基体法兰:用来为钣金件创建基体特征,是钣金件设计中第一个加入的特征。它与拉伸特征相似,通过指定厚度和折弯半径对草图进行拉伸来完成。用于基体法兰的草图轮廓可以开环,也可以闭环(单一或多重),如图 5-1-1 所示。

　　1. 生成【基体法兰】草图轮廓

　　单击【钣金】工具栏上的【基体法兰/薄片】按钮　，或单击【插入】→【钣金】→【基体法兰】菜单命令,选择【草图轮廓】,系统弹出【基体法兰】属性管理器,如图 5-1-2 所示。

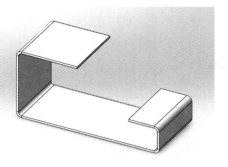 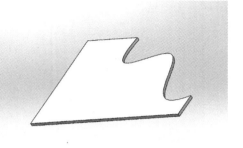

图 5-1-1　【基体法兰】草图轮廓类型

图 5-1-2　【基体法兰】属性管理器

如果是开环轮廓,在【方向 1】和【方向 2】下,设定终止条件和深度 参数,如图 5-1-2 所示。闭环轮廓可省去该步骤。

在【钣金规格】下,勾选【使用规格表】复选框并选择一个规格表。该步骤为可选项。

在【钣金参数】下设定厚度 和折弯半径 。

在【折弯系数】下选择折弯系数类型并设定相关参数。

单击【√】按钮,完成基体法兰创建。

2.【基体法兰】属性管理器选项说明

(1)方向 1/方向 2。

当草图轮廓为开环时,开环轮廓的拉伸方向如图 5-1-3 所示;当草图轮廓

视频:方向示例

为闭环时无此选项。它的用法与拉伸类似，不再赘述。

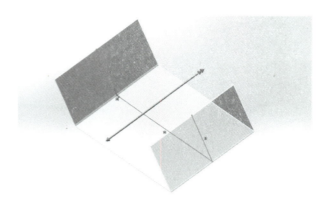

图 5-1-3　"方向 1/方向 2"示例

（2）钣金规格。

钣金规格用于存储指定材料的属性，如规格厚度、允许的折弯半径、K 因子等参数。可以使用钣金规格指定整个零件的值及默认值。用户可以制定自己的钣金规格，使用时直接选取即可，省去后续设计中重复设置参数的时间。

（3）钣金参数。

1）厚度 ：定义钣金的厚度。

2）折弯半径 ：指定自动添加折弯的半径。此值指折弯内侧半径。

（4）折弯系数。

1）折弯系数表：关于材料（如钢、铝等）具体参数的表格，其中包含利用材料厚度和折弯半径进行的一系列折弯计算。

2）K 因子：折弯计算中的一个常数，它是内表面到中性面的距离与钣金厚度的比值。

3）折弯系数和折弯扣除：这两个参数要根据用户的经验和工厂实际情况来设定。

（二）斜接法兰

斜接法兰：常被用来建立一个或多个相互连接的法兰，主要针对那些需要在边线进行一定角度连接的模型，这些法兰能够将多条线连接起来，并且会自动生成切口以便零件进行延伸。斜接法兰示例如图 5-1-4 所示。

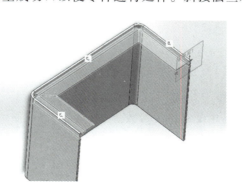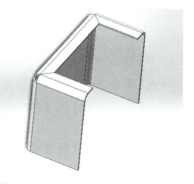

图 5-1-4　斜接法兰示例

1. 斜接法兰操作步骤

单击【钣金】工具栏中【斜接法兰】按钮，或单击【插入】→【钣金】→【斜接法兰】菜单命令。

（1）选择一条边线，自动创建一个与之垂直的草图平面，在其上创建一个开环草图轮廓，单击【退出草图】按钮，系统弹出【斜接法兰】属性管理器，如图5-1-5所示。

（2）选择其他需要添加法兰的边线。在【斜接参数】下设置折弯半径、法兰位置、缝隙距离等。如有必要，为斜接法兰指定【起始/结束处等距】距离。

（3）单击【√】按钮，完成斜接法兰的创建。

注意，斜接法兰的草图必须遵循以下条件：

1）草图基准面必须垂直于生成斜接法兰的第一条边线。

2）草图只可包括直线或圆弧。

3）斜接法兰轮廓必须是开环。

2.【斜接法兰】属性管理器选项说明

（1）缝隙距离：选择在多条边线上添加斜接法兰时有效，指定相邻两斜接法兰连接处的距离，如图5-1-6所示。

（2）起始/结束处等距：如果不想在整个边线长度上生成斜接法兰，可以使用该选项指定斜接法兰相距起始/结束边线和起始/结束端点的距离，如图5-1-7所示。输入起始等距距离和结束等距距离后，【自定义释放槽类型】选项组将被激活，可以定义释放槽类型及参数。

视频：缝隙距离

图5-1-5 【斜接法兰】属性管理器

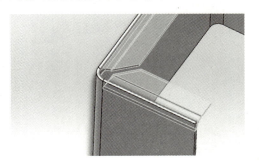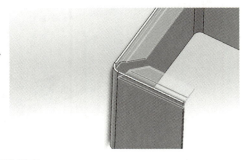

图5-1-6 缝隙距离

（三）设计导轨零件

1. 模型分析

导轨零件是钣金件，其上有多处折弯、切孔、倒角等结构。可在基体法兰基础上进行设计：边的折弯可用【斜接法兰】命令完成；基体上的槽可用【拉伸切除】命令完成；创建孔后再【折叠】起来。其他的一些特征可以通过【镜像】【阵列】等相应命令实现。其建模流程如图5-1-8所示。

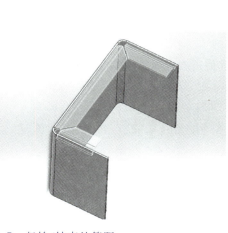

图 5-1-7　起始/结束处等距

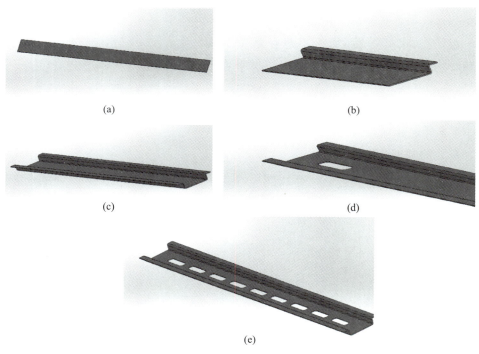

图 5-1-8　建模流程

2. 建模步骤

步骤 1：创建基体法兰。单击【钣金】工具栏中【基体法兰/薄片】按钮 ，选择【上视基准面】作为草图平面，再单击【中心矩形】按钮 ，以坐标原点为中心，绘制矩形并标注尺寸,如图5-1-9所示。单击绘图区右上角的【退出草图】按钮 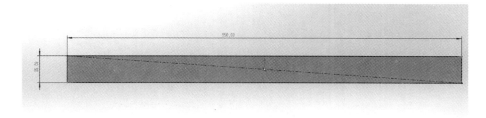,在弹出的【基体法兰】属性管理器中,设置厚度为1,注意厚度方向向下,否则需勾选【反向】,其他参数默认。单击【√】按钮 ✓ ,完成基体法兰的创建,如图5-1-10所示。

图5-1-9　基体法兰草图

图5-1-10　基体法兰

步骤2:创建斜接法兰。单击【斜接法兰】按钮 🔲 ,选择基体法兰上表面的长边线,注意靠左侧选,再单击【直线】按钮 / ,以坐标原点为端点,绘制两条直线,标注尺寸为5,如图5-1-11所示。单击【退出草图】按钮 ,系统弹出【斜接法兰】属性管理器,选择另外两条

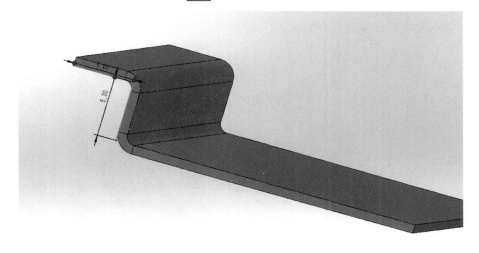

图5-1-11　斜接法兰轮廓图

99

边线。取消勾选【使用默认半径】复选框,输入折弯半径为1,设置【法兰位置】为"材料在内" ,输入【缝隙距离】为1.5 mm,其他参数默认,单击【√】按钮 ✓ ,完成斜接法兰的创建,如图5-1-12所示。

图5-1-12　斜接法兰

步骤3:在【特征】工具栏中单击【镜像】按钮 ,系统弹出【镜像】属性管理器,如图5-1-13所示,在绘图区中选择【斜接法兰1】作为【要镜像的特征】,选择【上视基准面】作为【镜像面/基准面】,单击【√】按钮 ✓ ,完成镜像的创建,如图5-1-14所示。

步骤4:单击【钣金】工具栏中的【拉伸切除】按钮 ,选择基体法兰内表面作为草图平面,绘制草图如图5-1-15所示。单击【退出草图】按钮 ,在弹出的【切除-拉伸】属性管理器中,设置【终止条件】为【成形到下一面】,单击【√】按钮 ✓ ,完成拉伸切除操作,如图5-1-16所示。

步骤5:在【特征】工具栏中单击【线性阵列】按钮 ,弹出的【线性阵列】属性管理器显示线性阵列面板,如图5-1-17所示。在钣金件上选择【切除-拉伸】和【基体法兰1】上的一个边,作为方向1阵列的

图5-1-13　【镜像】属性
管理器

方向,阵列的间距为35.00 mm,实例数为9,将安装孔进行阵列,如图5-1-18所示。

步骤6:保存零件。单击保存按钮 ,保存文件,完成导轨钣金件建模。

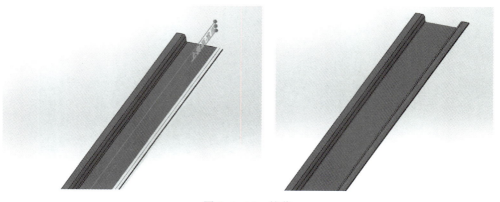

图5-1-14　镜像

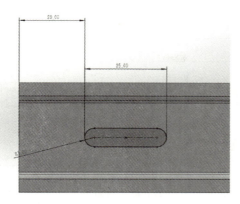

图 5-1-15　拉伸切除轮廓

图 5-1-17　【线性阵列】
属性管理器

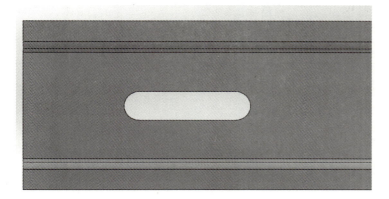

图 5-1-16　拉伸切除

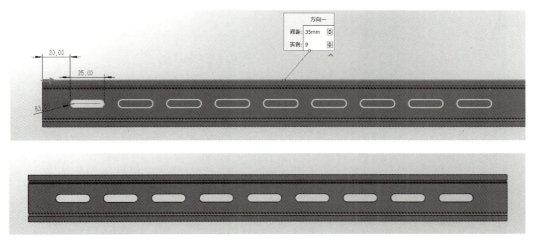

图 5-1-18　阵列

三、任务自评

序号	学习目标	知识、技能点	自我评估结果
1	认识 SOLIDWORKS 软件钣金界面的组成	• 设计树 • 功能区 • 设计库 • 绘图区	□掌握 □初步掌握 □未掌握
2	掌握 SOLIDWORKS 软件钣金件特征创建方法	• 法兰工具的使用：基体法兰、斜接法兰视图的缩放、平移、旋转 • 其他细节特征的创建	□掌握 □初步掌握 □未掌握
3	学会钣金件三维零件的设计流程	• 绘制二维草图 • 创建模型特征 • 优化设计	□掌握 □初步掌握 □未掌握

工作任务二

设计控制柜门板

利用 SOLIDWORKS 软件中的钣金功能,在基体法兰的基础上合理利用常用钣金特征工具,如边线法兰、拉伸切除等相关命令完成控制柜门板钣金件的三维模型创建。

下面以控制柜门板为例来介绍钣金设计特征的操作方法。

一、任务说明

任务名称		设计控制柜门板
任务目标	知识目标	1. 掌握法兰工具(基体法兰、边线法兰)的使用。 2. 掌握褶边工具的使用。 3. 掌握拉伸切除命令的使用。 4. 掌握其他细节特征的创建
	能力目标	能够使用钣金工具完成控制柜门板模型的设计
所用设备		计算机
任务告知		通过学习能够明确钣金三维零件的设计过程,独立完成以下模型的创建

二、任务学习

(一)边线法兰

边线法兰:使用边线法兰特征工具可将法兰添加到一条或多条边线上,所选边线必须是线性。系统自动将褶边厚度链接到钣金零件的厚度上,其示例如图 5-2-1 所示。

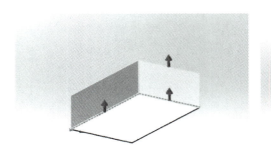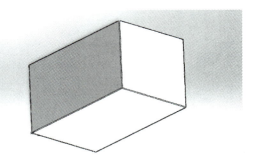

图 5-2-1　边线法兰示例

1. 边线法兰操作步骤

单击【边线法兰】按钮 ，或单击【插入】→【钣金】→【边线法兰】菜单命令，系统弹出【边线法兰】属性管理器，如图 5-2-2 所示。

（1）在绘图区选择要放置法兰特征的边线，拖曳鼠标光标单击以确定法兰方向。

（2）在【法兰参数】下设置折弯半径、缝隙距离。

（3）在【角度】下设定法兰角度值。

（4）在【法兰长度】下设置长度终止条件、长度以及长度开始测量的位置。

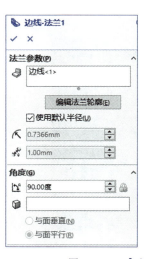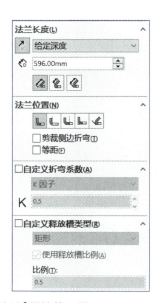

图 5-2-2　【边线法兰】属性管理器

（5）在【法兰位置】下设置法兰折弯位置。当边线法兰与一个已有的法兰相接触时，可以使用【剪裁侧边折弯】移除邻近折弯的多余材料。如果要从钣金体等距排列法兰，可勾选【等距】复选框，然后设定等距终止条件及其相应参数。

（6）单击【√】按钮 ，完成【边线法兰】的创建。

2.【边线法兰】属性管理器选项说明

（1）法兰缝隙距离。

编辑法兰轮廓：用于编辑边线法兰轮廓的草图。可以先拖动草图绘制一个实体来修改草图，再结合几何约束和尺寸约束确定具体位置和大小，也可以在其上添加其他草图特征，比如绘制一个圆以在边线法兰上添加一个孔。

注意：轮廓的一条草图直线必须位于生成边线法兰时所选择的边线上，该直线不必与边线相等。

缝隙距离 ：同时选择多条边线时可用，设定相邻两边线法兰之间的间隙距离，此值指法兰内侧边线之间的距离，如图5-2-3所示。

视频：法兰
缝隙距离

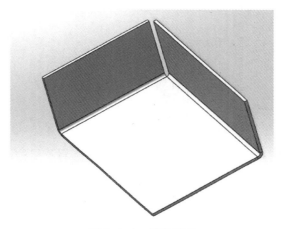

图5-2-3　缝隙距离

（2）法兰角度。

法兰角度 ：定义边线法兰与基体之间的夹角，起始位置为基体的延伸面，如图5-2-4所示。

视频：法兰
角度

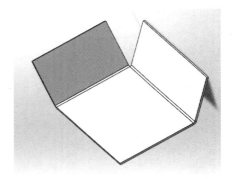

图5-2-4　法兰角度

（3）法兰长度。

法兰长度的定义有以下几种方式。

1）给定深度：根据指定的"长度"和"方向"生成边线法兰。长度度量的起点有外部虚拟交点 、内部虚拟交点 、双弯曲 三种，其中双弯曲开始测

视频：法兰
长度

量的位置指平行于法兰端面方向并与折弯相切的切线。

2）成形到一顶点：生成与法兰基准面垂直或与法兰端面平行的边线法兰。

① 垂直于法兰基准面：选定的顶点与边线法兰的端面重合，其示例如图 5-2-5 所示。

② 平行于基体法兰：选定的顶点穿过与基体法兰基准面平行的平面，其示例如图 5-2-6 所示。

视频：垂直于法兰基准面

视频：平行于基体法兰

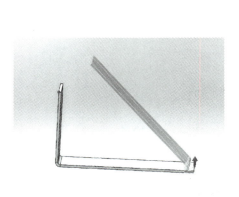

图 5-2-5　垂直于法兰基准面示例

图 5-2-6　平行于基体法兰示例

3）成形到边线并合并：在多实体零件中，将选定的边线与另一实体中的平行边线合并。在第二个实体上选取成形到参考边线。"成形到边线并合并"示例如图 5-2-7 所示。

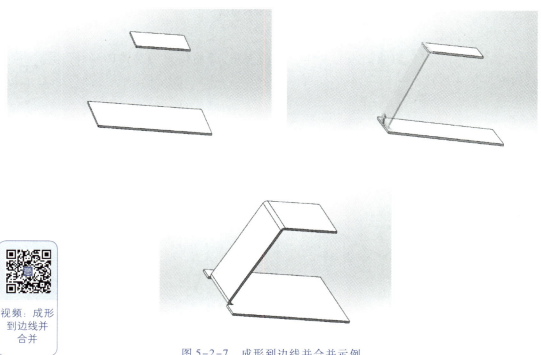

视频：成形到边线并合并

图 5-2-7　成形到边线并合并示例

（4）法兰位置。

法兰生成的位置，有材料在内 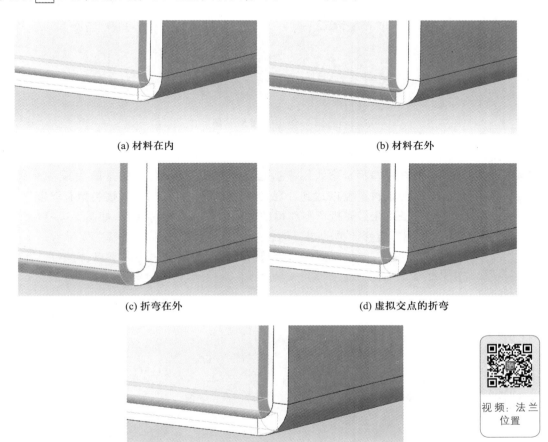、材料在外 、折弯在外 、虚拟交点的折弯 和折弯相切 五种，根据图标可以理解其含义，如图 5-2-8 所示。

(a) 材料在内 　　　　　　　　　　　　(b) 材料在外

(c) 折弯在外 　　　　　　　　　　　　(d) 虚拟交点的折弯

(e) 折弯相切

图 5-2-8　法兰的位置

视频：法兰
位置

1）剪裁侧边折弯：待生成法兰折弯特征与现有折弯特征接触时，自动切除邻近的现有折弯特征。边线法兰折弯预览、勾选【剪裁侧边折弯】的结果和不勾选【剪裁侧边折弯】的结果如图 5-2-9(a)、(b)、(c) 所示。

视频：剪裁
侧边折弯

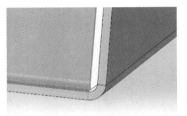
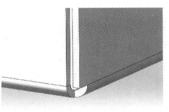

(a) 边线法兰折弯预览　　(b) 勾选【剪裁侧边折弯】的结果　(c) 不勾选【剪裁侧边折弯】的结果

图 5-2-9　剪裁侧边折弯示例

2）等距：在相距基体法兰的端面一定距离处折弯，示例如图 5-2-10 所示。勾选此项，需输入等距距离。

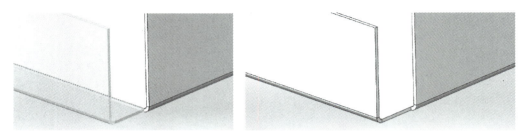

图 5-2-10　等距示例

视频：等距

（5）自定义释放槽类型。

一般在用厚板折弯或铝板折弯前要加工释放槽，目的是防止板材扯裂，保证折弯两头板材平整以达到外观良好的效果。常见的释放槽类型有以下三种。

1）矩形：在需要折弯释放槽的边上创建一个矩形切除，如图 5-2-11 所示。

2）矩圆形：在需要折弯释放槽的边上创建一个矩圆形切除，如图 5-2-12 所示。

3）撕裂形：在需要折弯释放槽的边和面上创建一个撕裂口，而不是切除，如图 5-2-13 所示。

视频：【矩形】释放槽

视频：【矩圆形】释放槽

图 5-2-11　【矩形】释放槽

图 5-2-12　【矩圆形】释放槽

视频：【撕裂形】释放槽切口

视频：【撕裂形】释放槽延伸

(a) 切口

(b) 延伸

图 5-2-13　【撕裂形】释放槽

【释放槽比例】:矩形或矩圆形释放槽切除宽度与材料厚度之比。

（二）设计控制柜门板零件

1. 模型分析

门板零件是钣金件,可在基体法兰基础上进行设计,四边折弯可用【边线法兰】命令完成;基体上的孔可用【拉伸切除】命令完成。其建模流程如图 5-2-14 所示。

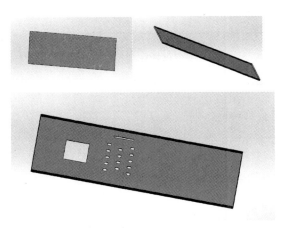

图 5-2-14　建模流程

2. 建模步骤

步骤 1:创建基体法兰。单击【钣金】工具栏中【基体法兰/薄片】按钮 ,选择【上视基准面】作为草图平面,再单击【中心矩形】按钮,以坐标原点为中心,绘制矩形并标注尺寸,如图 5-2-15 所示。单击绘图区右上角的【退出草图】按钮,在弹出的【基体法兰】属性管理器中,设置方向 1 厚度为 1,注意厚度方向向下,否则需勾选【反向】复选框,其他参数默认。单击【√】按钮,完成基体法兰的创建,如图 5-2-16 所示。

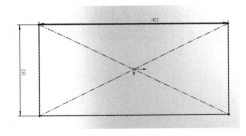

图 5-2-15　基体法兰草图

图 5-2-16　基体法兰

步骤 2:创建边线法兰。单击【边线法兰】按钮,选择右侧基体法兰的内边线,取消勾选【使用默认半径】复选框,设置折弯半径为 1、法兰角度为 90°。定义【法兰长度】计算方式为【内部虚拟交点】,设置法兰长度为 10。设置【法兰位置】为【材料在内】,勾选【自定义释放槽类型】复选框。在下拉列表框中选择【矩圆形】,取消勾选【使用释放槽比例】复选框。设置释放槽宽度为 1、释放槽深度为 0.5。单击【编辑法兰轮廓】按钮编辑法兰轮廓(E) ,系统弹出【轮廓草图】对话框,如图 5-2-17 所示。拖动法兰轮廓的两端点,过基体法兰外边线的中点画一条与之垂直的中心线,添加两侧直线与该中心线"对称"几何约束关系,标注尺寸为 10,如图 5-2-18 所示。单击【完成】按钮,完成边线法兰的创建,如图 5-2-19 所示。

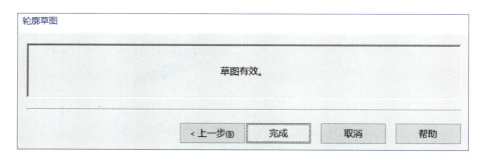

图 5-2-17　【轮廓草图】对话框

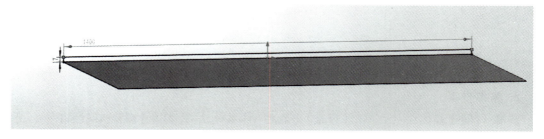

图 5-2-18　边线法兰轮廓编辑

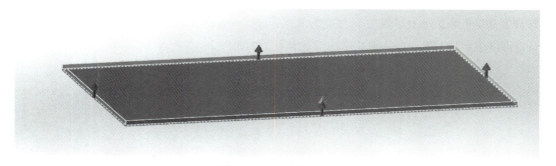

图 5-2-19　边线法兰

　　步骤 3:拉伸切除。单击【钣金】工具栏中的【拉伸切除】按钮 ,选择基体法兰内表面作为草图平面,绘制草图如图 5-2-20 所示。单击【退出草图】按钮 ,在弹出的【切除-拉伸】属性管理器中,设置【终止条件】为【成形到下一面】,单击【√】按钮 ,完成拉伸切除操作,如图 5-2-21 所示。

　　步骤 4:保存零件。单击【保存】按钮 ,保存文件,完成控制柜门板钣金件建模。

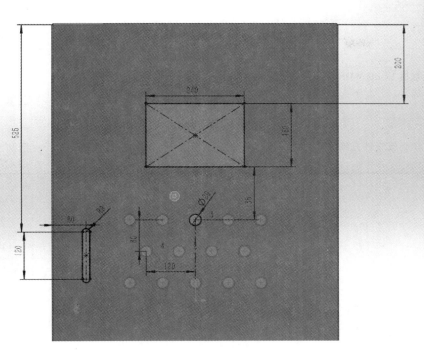

图 5-2-20 拉伸切除草图

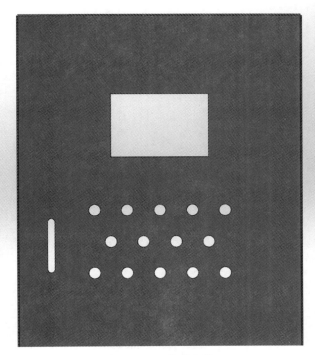

图 5-2-21 拉伸切除

三、任务自评

序号	学习目标	知识、技能点	自我评估结果
1	掌握 SOLIDWORKS 软件钣金件特征的创建方法	• 法兰工具的使用：基体法兰、边线法兰 • 其他细节特征的创建	□掌握 □初步掌握 □未掌握
2	学会钣金件三维零件的设计流程	• 绘制二维草图 • 创建模型特征 • 优化设计	□掌握 □初步掌握 □未掌握

工作任务三

设计导线槽

　　利用 SOLIDWORKS 软件中的钣金功能,在基体法兰的基础上合理利用常用钣金特征工具,如边线法兰、斜接法兰、转折、展开与折叠、平板型式等相关命令完成导线槽钣金件三维模型的创建。

　　下面以设计控制柜导线槽为例来介绍钣金设计特征的操作方法。

一、任务说明

任务名称		设计导线槽
任务目标	知识目标	1. 掌握法兰工具的使用:基体法兰、边线法兰、斜接法兰。 2. 掌握展开/折叠命令的使用。 3. 掌握平板型式命令的使用。 4. 掌握其他细节特征的创建
	能力目标	能够使用钣金工具完成控制柜导线槽模型的设计
所用设备		计算机
任务告知		通过学习能够明确钣金三维零件的设计过程,独立完成以下模型的创建 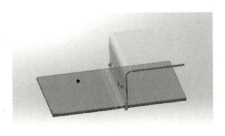

二、任务学习

(一) 转折

【转折】工具可以在钣金件上通过草图直线生成两个折弯,其示例如图 5-3-1 所示。

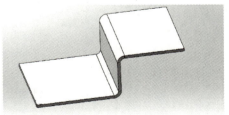

视频:【转折】示例

图 5-3-1　【转折】示例

注意：

草图必须只包含一条直线,用来定位转折。

折弯线可以是任意方向的直线。

折弯线不一定与折弯面的长度相同。

1.【转折】操作步骤

（1）在欲生成转折的钣金件表面绘制一条直线。

（2）选择该直线,单击【钣金】工具栏上的【转折】按钮 ，或者单击【插入】→【钣金】→【转折】菜单命令,系统弹出【转折 1】属性管理器,如图 5-3-2 所示。

（3）在绘图区中,选择一个面作为固定面。

（4）在【选择】下设置折弯半径。

（5）在【转折等距】下,设置终止条件;输入等距距离;选择【尺寸位置】,如外部等距 、内部等距 或总尺寸 ;根据需要勾选或取消勾选【固定投影长度】复选框。

（6）在【转折位置】下选择折弯中心线 、材料在内 、材料在外 或折弯向外 。

（7）设定【转折角度】 。

（8）如要使用默认折弯系数以外的其他项,选择自定义折弯系数,然后设定折弯系数类型和数值。

（9）单击【√】按钮 ,完成【转折】特征的创建。

2.【转折 1】属性管理器选项说明

（1）固定面 :选择一个面,该面固定不动,不折弯。

（2）等距距离 :指定第二个折弯与固定面之间的距离。

（3）固定投影长度:在钣金件的折叠状态下设计时,【固定投影长度】选项非常有用。选中【固定投影长度】选项,那么系统就不再计算由于转折增加的材料长度,而保持薄片特征总长度在投影方向上不变。取消勾选和勾选【固定投影长度】选项的对比如图 5-3-3 所示。

图 5-3-2　【转折 1】属性管理器

视频:【固定投影长度】示例

(a) 取消勾选【固定投影长度】　　(b) 勾选【固定投影长度】

图 5-3-3　取消勾选和勾选【固定投影长度】选项的对比

（4）折弯中心线 :折弯线平分展开零件中的折弯区域。此功能仅可用于绘制折弯和转折特征。

（5）转折角度  ：指定第一个折弯与固定面之间的角度。

3. 绘制的折弯

【绘制的折弯】工具可在绘制的一条或者多条折弯线处产生折弯，其示例如图 5-3-4 所示。绘制的折弯特征常用来折弯薄片。

注意：

草图中只允许使用直线，可为每个草图添加多条直线。

折弯线可以是任意方向的直线。

折弯线不一定与折弯面的长度相同。

视频：【绘制的折弯】示例

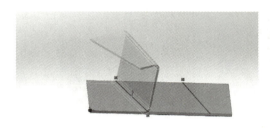 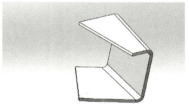

图 5-3-4　【绘制的折弯】示例

【绘制的折弯】操作步骤如下：

（1）在欲生成绘制的折弯的钣金件表面绘制一条或多条直线。

（2）选择该直线，单击【钣金】工具栏上的【绘制的折弯】按钮  ，或者单击【插入】→【钣金】→【绘制的折弯】菜单命令，系统弹出【绘制的折弯】属性管理器，如图 5-3-5 所示。

（3）在绘图区中为固定面 选择一个不因折弯而移动的面。

（4）定义折弯位置，如选择折弯中心线 、材料在内 、材料在外 或折弯在外 。

（5）定义折弯角度，如有必要，单击【反向】按钮 。

（6）要使用默认折弯半径以外的其他半径，则要取消勾选【使用默认半径】和【使用规格表】（如果为零件选择了钣金规格表），然后设置折弯半径 。

（7）如要使用默认折弯系数以外的其他项，则勾选【自定义折弯系数】复选框，然后设定折弯系数类型和数值。

（8）单击【√】按钮 ，完成【绘制的折弯】的创建。

图 5-3-5　【绘制的折弯】属性管理器

（二）展开与折叠

使用展开和折叠工具在钣金件中展开和折叠一个、多个或所有折弯。【展开】和【折叠】示例如图 5-3-6 和图 5-3-7 所示。当需要添加穿过折弯的切除时，使用展开与折叠这两种特征的组合能达到很好的效果。【展开】命令用于在切除之前展开折弯，而【折叠】命令则是在切除之后重新折叠起来。使用这种方法的顺序是先把零件展开，然后切除，最后再折叠起来。

视频：【展开】示例

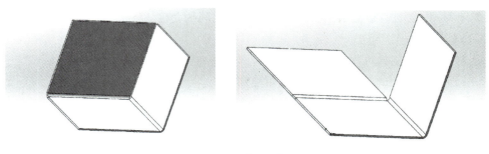

图 5-3-6　【展开】示例

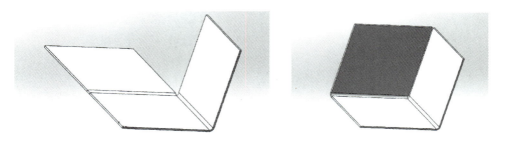

图 5-3-7　【折叠】示例

【展开】操作步骤如下：

（1）单击【钣金】工具栏上的【展开】按钮，或单击【插入】→【钣金】→【展开】菜单命令，系统弹出【展开】属性管理器，如图 5-3-8 所示。

（2）在绘图区中，选择一个保持不动的面作为【固定面】。固定面可为钣金件上的平面或线性边线。

（3）选择一个或多个折弯作为【要展开的折弯】，或单击【收集所有折弯】按钮 收集所有折弯(A) 以选择零件中所有折弯。

（4）单击【√】按钮，所选折弯即可展开。

【折叠】是【展开】的逆操作，操作步骤与展开类似，不再累述，其属性管理器如图 5-3-9 所示。

图 5-3-8　【展开】属性管理器

图 5-3-9　【折叠】属性管理器

（三）平板型式

创建基体法兰特征的同时会生成一些专门用于钣金件的特征,主要用来定义零件的默认设置并管理该零件,如钣金特征和平板型式特征。平板型式特征用来切换模型的折叠和展开状态,默认状态是折叠状态。在建模过程中用户随时可以查看饭金件的展开状态。

1.【平板型式】特征操作步骤

（1）右击设计树中的 平板型式6 ,然后在弹出的菜单中选择【编辑特征】,系统弹出【平板型式】属性管理器,如图 5-3-10 所示。

（2）在【参数】下面可编辑【固定面】,勾选或取消勾选【合并面】【简化折弯】和【显示裂缝】复选框。

（3）在【边角选项】下勾选【边角处理】复选框以在平板型式中应用平滑边线。

（4）激活【纹理方向】,然后在绘图区中选取一条边线或直线。

（5）激活【要排除的面】,然后在绘图区中选择不想出现在平板型式中的任何面（通常指折弯产生干涉时的面,选择时必须选择想要排除的所有外表面）。

（6）单击【√】按钮 ,完成【平板型式】的编辑。

图 5-3-10　【平板型式】
属性管理器

2.【平板型式】属性管理器选项

【平板型式】属性管理器包括以下几种用于显示和处理钣金展开状态的选项。

（1）合并面:合并平板型式中的重合平面。勾选【合并面】复选框时,钣金件是一个合并的平面,折弯区域不会出现边线,示例如图 5-3-11(a)所示。不勾选【合并面】复选框时,就会显示展开折弯的相切边线,示例如图5-3-11(b)所示。

视频:【合并面】示例

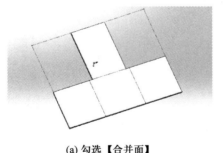

(a) 勾选【合并面】

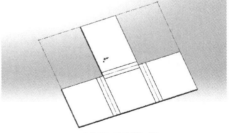

(b) 不勾选【合并面】

图 5-3-11　【合并面】示例

（2）简化折弯:当勾选【简化折弯】复选框时,在平板型式下折弯区域的样条曲线、椭圆弧线等就会变成直边线,从而简化了模型几何体。如果不勾选【简化折弯】复选框,在平板型式下仍然会显示复合曲线。勾选与不勾选【简化折弯】复选框的示例如图 5-3-12 所示。注意:此复选框对圆弧无效。

视频: 勾选或 不 勾选【简化折弯】复选框示例

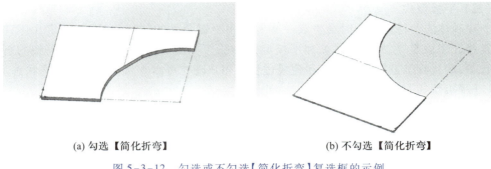

(a) 勾选【简化折弯】　　　　　　　　(b) 不勾选【简化折弯】

图 5-3-12　勾选或不勾选【简化折弯】复选框的示例

（3）边角处理：通过解除压缩平板型式特征，展开钣金件，系统将自动进行边角处理以形成一个整齐、展开的钣金件。边角处理可以保证钣金件的平板型式在加工时不会出错。如果不勾选【边角处理】复选框，钣金件的平板型式就不会进行边角处理。

（4）纹理方向：选择一条边线或直线设置为纹理的方向，用于确定矩形边界框的方向。

（5）要排除的面：如果用户已经添加了与平板型式发生干涉的加强筋、角撑板、任何铆接或焊合板（任何非钣金特征），都可以通过这个选项将它们排除在外。选择干涉特征的所有外表面，平板型式将会忽略它们。

（四）设计导线槽零件

1. 模型分析

导线槽零件是钣金件，可在基体法兰基础上进行设计：三边的折弯可用【边线法兰】命令完成；前侧可用【斜接法兰】命令完成；斜接法兰上的开口可用【拉伸切除】命令完成。其建模流程如图 5-3-13 所示。

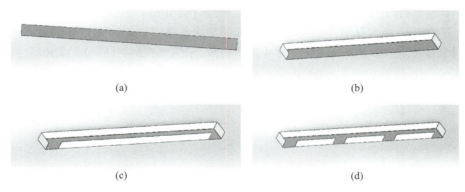

(a)　　　　　　　　　　　　　　　　　(b)

(c)　　　　　　　　　　　　　　　　　(d)

图 5-3-13　建模流程

2. 建模步骤

步骤 1：创建基体法兰。单击【钣金】工具栏中【基体法兰/薄片】按钮 ，选择【上视基准面】作为草图平面，再单击【中心矩形】按钮 ，以坐标原点为中心，绘制矩形并标注尺寸，如图 5-3-14 所示。单击绘图区右上角的【退出草图】按钮 ，在弹出的【基体法兰】属性管理器中，设置方向 1 厚度为 1，注意厚度方向向下，否则需勾选【反向】复选框，其他参数默认。单击【√】按钮 ，完成基体法兰的创建，如图 5-3-15 所示。

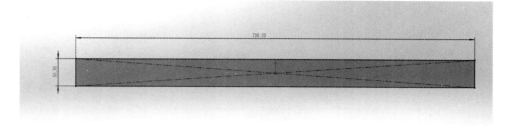

图 5-3-14　基体法兰草图

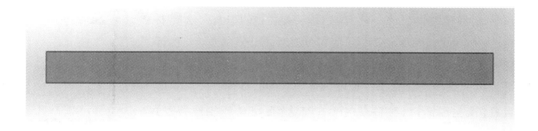

图 5-3-15　基体法兰

步骤 2：创建斜接法兰。单击【斜接法兰】按钮，选择基体法兰上表面的长边线，注意靠左侧选，再单击【直线】按钮，以坐标原点为端点，绘制一竖直线，标注尺寸 30，其轮廓如图 5-3-16 所示。单击【退出草图】按钮，系统弹出【斜接法兰】属性管理器，选择另外两条边线。取消勾选【使用默认半径】复选框，设置折弯半径为 1，设置【法兰位置】为材料在内，设置切口缝隙为 1.5，其他参数默认，单击【√】按钮，完成斜接法兰的创建，如图 5-3-17 所示。

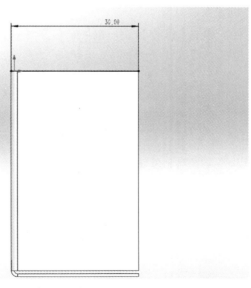

图 5-3-16　斜接法兰轮廓图

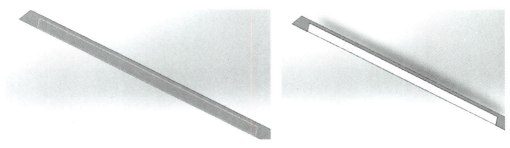

图 5-3-17 斜接法兰

步骤 3：创建边线法兰。单击【边线-法兰】按钮 ，选择右侧斜接法兰的内边线，取消勾选【使用默认半径】复选框，设置折弯半径为 1.00 mm、法兰角度为 90°。定义【法兰长度】计算方式为内部虚拟交点，设置法兰长度为 10.00 mm，如图 5-3-18 所示。设置【法兰位置】为材料在内，勾选【自定义释放槽类型】复选框。在下拉列表框中选择【矩圆形】，取消勾选【使用释放槽比例】复选框，完成边线法兰的创建，如图 5-3-19 所示。

步骤 4：拉伸切除。单击【钣金】工具栏中的【拉伸切除】按钮，选择基体法兰内表面作为草图平面，绘制草图如图 5-3-20 所示。单击【退出草图】按钮，在弹出的【切除-拉伸】属性管理器中，设置【终止条件】为【成形到下一面】，单击【√】按钮，完成拉伸切除操作，如图 5-3-21 所示。

步骤 5：平板型式。右击设计树中的 平板型式6 ，在弹出的快捷菜单中选择【解除压缩】，即可得到如图 5-3-22 所示的导线槽零件展开图，以便落料计算。

步骤 6：保存零件。单击【保存】按钮，保存文件，完成导线槽钣金件建模。

图 5-3-18 边线法兰
管理器

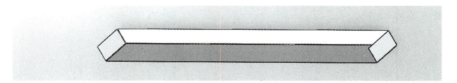

图 5-3-19 边线法兰

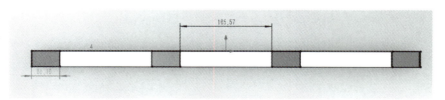

图 5-3-20 拉伸切除草图

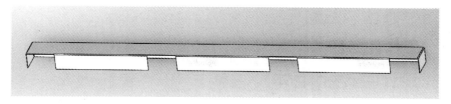

图 5-3-21　拉伸切除

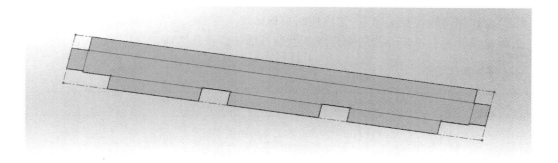

图 5-3-22　导线槽零件展开图

三、任务自评

序号	学习目标	知识、技能点	自我评估结果
1	掌握 SOLIDWORKS 软件钣金件特征的创建方法	• 转折 • 展开与折叠 • 平板型式 • 其他细节特征的创建	□掌握 □初步掌握 □未掌握
2	学会钣金件三维零件的设计流程	• 绘制二维草图 • 创建模型特征 • 优化设计	□掌握 □初步掌握 □未掌握

工作任务四

设计控制柜柜体

　　利用 SOLIDWORKS 软件中的钣金功能,在凸台拉伸实体的基础上,合理利用常用的褶边、通风口、拉伸切除等相关命令,完成控制柜柜体钣金件的三维模型创建。

　　下面以设计控制柜柜体为例来介绍钣金设计特征的操作方法。

一、任务说明

任务名称		设计控制柜柜体
任务目标	知识目标	1. 学会褶边工具的操作方法。 2. 学会通风口命令的操作方法。 3. 掌握其他细节特征的创建
	能力目标	能够使用钣金工具完成控制柜柜体模型的设计
所用设备		计算机
任务告知		通过学习能够明确钣金三维零件的设计过程,独立完成以下模型的创建

二、任务学习

(一) 褶边

　　【褶边】工具可以将模型的边线卷成不同的形状,允许一次选择多条边线,主要用于钣金件的翻边。【褶边】示例如图5-4-1所示。注意:所选边线必须为直线。

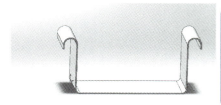

视频:【褶边】示例1

视频:【褶边】示例2

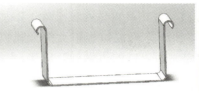

视频:【褶边】示例3　　视频:【褶边】示例4

图 5-4-1　【褶边】示例

【褶边】操作步骤如下。

（1）单击【钣金】工具栏上的【褶边】按钮 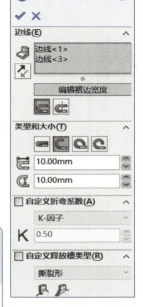，或单击【插入】→【钣金】→【褶边】菜单命令，系统弹出【褶边】属性管理器，如图 5-4-2 所示。

（2）在绘图区中选择欲添加【褶边】的边线。

（3）在【边线】下指定添加材料的位置，如材料在内 或折弯在外 。用户也可以单击【编辑褶边宽度】按钮设置褶边宽度。

（4）在【类型和大小】下选择褶边的类型并输入相应的参数。褶边类型有闭合、开环、撕裂形、滚轧四种，参数有长度（仅对于闭合和开环褶边）、间隙距离（仅对于开环褶边）、角度（仅对于撕裂形和滚轧褶边）和半径（仅对于撕裂形和滚轧褶边）。

（5）如有交叉褶边，在【斜接缝隙】下设定斜接缝隙值，斜接边角被自动添加到交叉褶边上，如图 5-4-3 所示。

（6）如想使用默认折弯系数以外的其他项，勾选【自定义折弯系数】复选框，然后设定折弯系数类型和数值。

视频：斜接缝隙

（7）如欲添加释放槽切除，勾选【自定义释放槽类型】复选框，然后选择释放槽切除的类型并设置相应参数。

图 5-4-2　【褶边】属性管理器

（8）单击【√】按钮，完成【褶边】特征的创建。

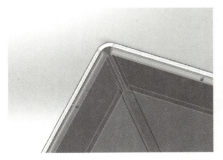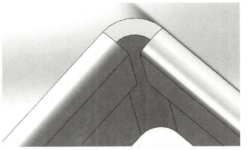

图 5-4-3　斜接缝隙

（二）通风口

【通风口】特征工具可以在钣金件上添加通风口。【通风口】特征主要应用于变压器、散热箱、工具箱和计算机机箱等箱类钣金建模。必须先生成定义通风口的边界、筋、翼梁、支撑边界的草图，然后才能使用该命令。【通风口】示例如图5-4-4所示。

图5-4-4 【通风口】示例

1. 【通风口】操作步骤

（1）单击【钣金】工具栏上的【通风口】按钮或单击【插入】→【扣合特征】→【通风口】菜单命令，系统弹出【通风口】属性管理器，如图5-4-5所示。

图5-4-5 【通风口】属性管理器

（2）在绘图区中，选择一封闭的草图轮廓作为边界。

（3）在绘图区选择通风口的放置面。

（4）在绘图区选择代表通风口筋的二维草图段，并定义筋的相关参数。

（5）在绘图区选择代表通风口翼梁的二维草图段，并定义翼梁的相关参数。

（6）在绘图区选择形成闭环轮廓以定义支撑边界的二维草图段，并定义填充边界的相关参数。

（7）如有必要，在【几何体属性】下定义圆角半径。

（8）单击【√】按钮，完成【通风口】特征的创建。

2.【通风口】属性管理器选项说明

（1）边界。

选择草图线段作为边界◇：选择一闭环草图轮廓作为通风口外部边界。如果预先选择了草图，则将默认使用其外部实体作为边界。

（2）几何体属性。

1）选择一个面：为通风口选择放置面。选定的面必须能够容纳整个通风口草图。

2）拔模角度：单击拔模开/关可以将拔模应用于边界、填充边界以及所有筋和翼梁。对于平面上的通风口，将从草图基准面开始应用拔模。此选项钣金件不可用。

3）圆角半径：设定圆角半径，这些值将应用于边界、筋、翼梁和填充边界之间的所有相交处，如图 5-4-6 所示。

（3）筋。

连接边界与翼梁或连接翼梁与翼梁起加强作用的结构。

1）筋的深度：输入一个值，指定筋的厚度。此选项钣金部分不可用，筋的深度始终与放置面所处的板材厚度相同。

2）筋的宽度：输入一个值，指定筋的宽度。

3）筋从曲面的等距：指定所有筋与所选曲面之间的距离。如有必要，单击【反向】按钮。

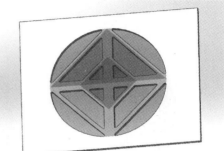

图 5-4-6　圆角半径

（4）翼梁。

翼面结构中由凸缘及腹板组成承受弯矩和剪力的展向受力构件。此处指构成通风口主要形状的结构部分。必须至少生成一个筋，才能生成翼梁。

1）翼梁的深度：输入一个值，指定翼梁的厚度。此选项钣金部分不可用，翼梁的深度始终与放置面所处的板材厚度相同。

2）翼梁的宽度：输入一个值，指定翼梁的宽度。

3）翼梁从曲面的等距：指定所有翼梁与所选曲面之间的距离。如有必要，单击【反向】按钮。

（5）填充边界。

通过筋连接通风口边界，起支撑作用的结构部分。

1）选择草图线段作为填充边界◇：选择形成闭合轮廓的草图实体。至少必须有一个筋与填充边界相交。

2）支撑区域深度：输入一个值，指定填充边界的厚度。填充边界的深度始终与放置面所处的板材厚度相同。

3）支撑区域的等距：指定所有填充边界与所选曲面之间的距离。如有必要，单击【反向】按钮。

（三）设计控制柜柜体

1. 模型分析

控制柜柜体可在凸台–拉伸体进行设计：利用【拉伸–切除】和【抽壳】命令对实体进行去材操作；转换实体后可用【尖角折弯】命令进行折弯处理；中下部的散热口可用【拉伸切除】【阵列】【镜像】命令完成；门板与柜体的接触面可用【褶边】命令实现；背部的通风口可用【通风口】命令实现。其建模流程如图 5-4-7 所示。

图 5-4-7　建模流程

2. 建模步骤

步骤 1：创建基体法兰。单击【特征】工具栏中【拉伸凸台/基体】按钮，选择【上视基准面】作为草图平面，再单击【中心矩形】按钮，以坐标原点为中心，绘制矩形并标注尺寸，草图如图 5-4-8 所示。单击绘图区右上角的【退出草图】按钮，在弹出的【拉伸凸台/基体】属性管理器中，设置方向 1 给定深度为 575，其他参数默认。单击【√】按钮，完成凸台的创建，如图 5-4-9 所示。

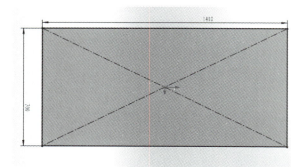

图 5-4-8　拉伸凸台/基体草图

步骤 2:创建壳体。单击【特征】工具栏中【拉伸切除】按钮 🔲,选择【上视基准面】作为草图平面,再单击【中心矩形】按钮 🔲,以坐标原点为中心,绘制矩形并标注尺寸,如图 5-4-10 所示。单击绘图区右上角的【退出草图】按钮 🔲,在弹出的【拉伸-切除】属性管理器中,设置方向 1 给定深度为 12,其他参数默认。单击【√】按钮 ✓,完成拉伸切除实体的创建,如图 5-4-11 所示。

图 5-4-9　拉伸凸台/基体

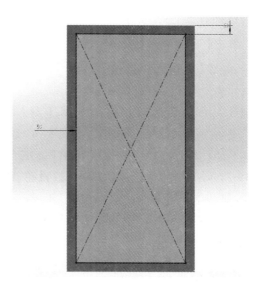

图 5-4-10　拉伸切除轮廓图

步骤 3:单击【特征】工具栏中【抽壳】按钮 🔲,选择拉伸切除的面为要移除的面,设置厚度为 2,如图 5-4-12 所示。

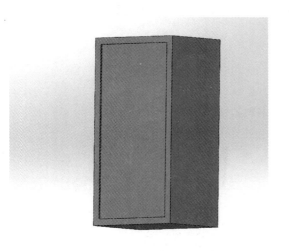

图 5-4-11　拉伸切除实体

图 5-4-12　抽壳

步骤 4:转换到钣金。单击【转换到钣金】按钮 🔲,系统弹出【转换实体】属性管理器,按图 5-4-13 所示进行设置,单击【√】按钮 ✓,完成零件的转换,如图 5-4-14 所示。

步骤5：创建褶边。单击【褶边】按钮 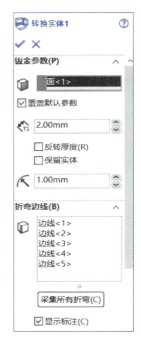，系统弹出【褶边】属性管理器。选择四条边线，设置褶边位置为折弯在外 ，褶边类型为开环 ，设置长度为20、缝隙距离为5，其他参数默认，单击【√】按钮 ，完成【褶边】特征的创建，如图5-4-15所示。

步骤6：创建电缆孔。单击【钣金】工具栏中的【拉伸切除】按钮 ，选择背面内表面作为草图平面，绘制草图，如图5-4-16所示。单击【退出草图】按钮 ，在弹出的【切除-拉伸】属性管理器中，设置【终止条件】为【成形到下一面】，单击【√】按钮 ，完成拉伸切除操作，如图5-4-17所示。

步骤7：创建通风口。单击草图工具栏中【草图绘制】按钮 ，完成通风口的草图轮廓，如图5-4-18所示。单击【钣金】工具栏上的【通风口】按钮，系统弹出【通风口】属性管理器，如图5-4-19所示，依次完成通风口的参数设置，创建完成控制柜柜体通风口，如图5-4-20所示。

步骤8：保存零件。单击【保存】按钮 ，保存文件，完成控制柜柜体钣金件建模。

图5-4-13　【转换实体】
属性管理器

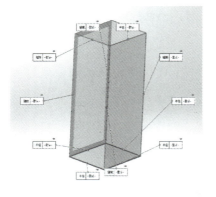

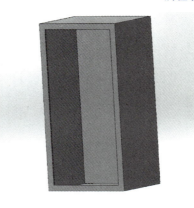

图5-4-14　转换到钣金

图5-4-15　褶边

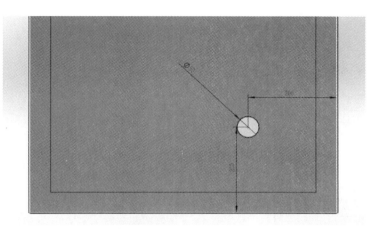

图 5-4-16　电缆孔草图

图 5-4-17　电缆孔

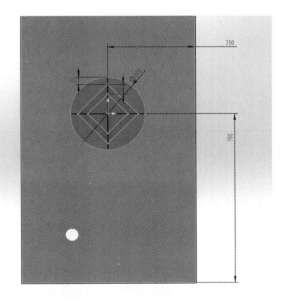

图 5-4-18　通风口草图轮廓

图 5-4-19　【通风口】属性管理器

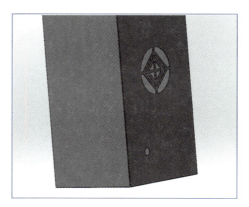

图 5-4-20　通风口效果图

三、任务自评

序号	学习目标	知识、技能点	自我评估结果
1	掌握 SOLIDWORKS 软件钣金件特征创建方法	• 【褶边】特征工具的使用 • 【通风口】特征工具的使用 • 其他细节特征的创建	□掌握 □初步掌握 □未掌握
2	学会钣金件三维零件的设计流程	• 绘制二维草图 • 创建模型特征 • 优化设计	□掌握 □初步掌握 □未掌握

创建工作站电气系统

SOLIDWORKS Electrical 软件专门用于电气和自动化系统设计,它帮助用户将二维电气设计数据与三维机械设计数据直接集成。其主要功能是将二维电气设计与三维机械设计无缝集成,实现机械与电气设计的同步更新。

本工作领域以工业机器人工作站电气控制系统中典型案例"PLC 控制电动机正反转"为例,学习 SOLIDWORKS Electrical 软件的使用方法和动力配电系统的绘制。

根据电气控制系统选型原则,需要对"PLC 控制电动机正反转"所用设备进行选型。选型后设备参数如下表所示。

序号	元器件	部件号	制造商数据	数量	参数	备注
1	交流接触器	CJX1-9-22Q	德力西	2	9 A	自建
2	热继电器	JRS1Ds-25-6	德力西	1	4~6 A	自建
3	热继电器底座	CHNT MB-2	正泰	1		自建
4	电动机	LS100L-4P(2.2)	利莱森玛	1	2.2 kW	数据库
5	三极熔断器	L40301	海格	1	20 A	数据库
6	二极熔断器	005820	罗格朗	1	10 A	数据库
7	断路器	21113	施耐德电气	1	25 A	数据库
8	PLC	6ES7 215-1AG40-0XB0	西门子	1	S7-1215C	自建
9	24 V 继电器	CDZ9-52P	德力西	3	5 A	自建
10	24 V 开关电源	EDR75-24	明纬	1	3.2 A/76.8 W	自建
11	按钮	3SB3651-0AA51	西门子	3		数据库
12	电缆	德力西 4×1 mm²	德力西	若干	直径为 7.8 mm/ 截面积为 47.76 mm²	自建
13	指示灯	3SB3612-6BA30	西门子	3		数据库
14	端子	010500220	恩楚莱克	14		数据库
15	控制柜	AA3EG2088GN_custom	施耐德电气	1		数据库

工作任务要求:

1. 学会新建工程模板,修改模板名称。
2. 学会导入(解压缩)和导出(压缩)工程项目。
3. 学会创建电气系统方框图。
4. 学会创建电气系统原理图。
5. 学会按要求创建电气系统报表。

6. 学会创建二维机柜布局图。

7. 学会自动布线。

学习思维导图：

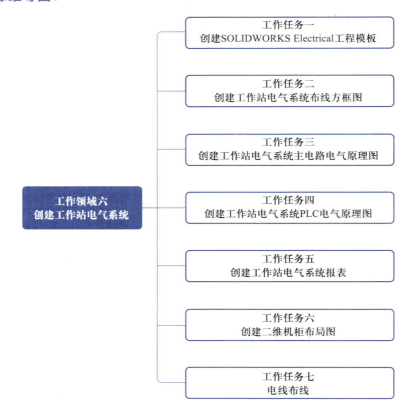

工作任务一

创建 SOLIDWORKS Electrical 工程模板

　　创建工作站电气系统的第一步就是创建工程模板,使用过程中还会用到工程模板的导入和导出。

　　下面学习创建工程模板及工程模板的导入和导出的操作方法。

一、任务说明

任务名称		创建 SOLIDWORKS Electrical 工程模板
任务目标	知识目标	学会新建工程模板、压缩、解压缩的操作方法
	能力目标	能正确创建工程模板,导入和导出工程模板
所用设备		计算机
任务告知		通过学习能够独立使用工程管理器 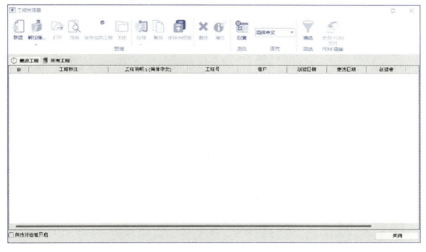

二、任务学习

(一) 新建工程

　　步骤1:双击图标 打开 SOLIDWORKS Electrical 软件,其开始界面如图 6-1-1 所示。

　　步骤2:单击 按钮,新建工程,其界面如图 6-1-2 所示。

视频:创建 SOLID- WORKS Electrical 工程模板

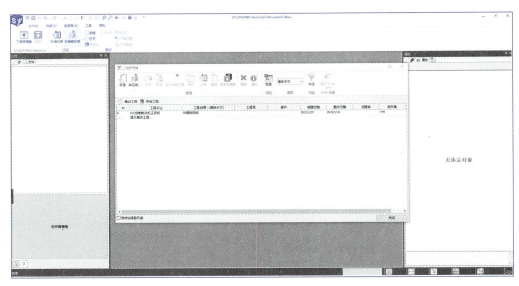

图 6-1-1　SOLIDWORKS Electrical 软件开始界面

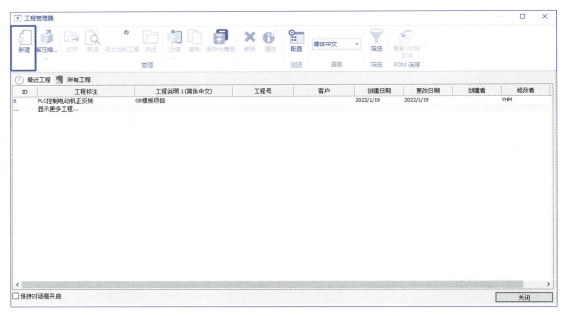

图 6-1-2　新建工程界面

步骤 3：在弹出的对话框中选择工程模板为【GB_Chinese】（或根据需要选择其他模板），单击【确定】按钮。工程模板选择界面如图 6-1-3 所示。

步骤 4：在弹出的对话框中选择工程语言为【简体中文】（或根据需要选择其他语言），单击【确定】按钮。工程语言选择界面如图 6-1-4 所示。

步骤 5：在弹出的对话框中将工程名称【PLC 控制电动机正反转】输入【名称】栏中，【基本信息】【客户】【设计院】等信息可根据需要自行填写，然后单击【确定】按钮。工程信息界面如图 6-1-5 所示。

图 6-1-3　工程模板选择界面

图 6-1-4　工程语言选择界面

图 6-1-5　工程信息界面

（二）新建布线方框图和电气原理图

步骤 1：打开【文件集】。在左侧【文件】中单击【1–文件集】前的【+】，打开"文件集"的下拉菜单，分别为首页、图纸清单、布线方框图和电气原理图，如图 6–1–6 所示。

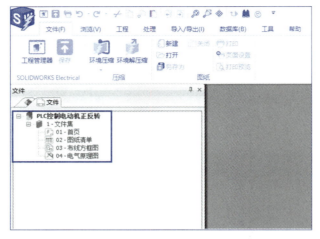

图 6–1–6　文件集界面

步骤 2：新建布线方框图和电气原理图。右击【布线方框图】，在弹出的菜单中单击【新建】→【布线方框图】，如图 6–1–7 所示，即可新建布线方框图。使用同样的方法新建电气原理图，如图 6–1–8 所示。

视频：新建
布线方框图
和电气原
理图

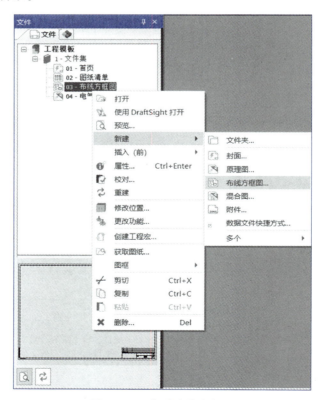

图 6–1–7　新建布线方框图

步骤3：对布线方框图和电气原理图进行重命名。

（1）右击新建好的布线方框图，在弹出的菜单中单击【属性】，如图6-1-9所示。

图6-1-8　新建电气原理图　　　　图6-1-9　布线方框图右键菜单

（2）在弹出的【图纸】对话框中，【说明（简体中文）】文本框输入【方框图】（输入内容可以根据工程需要自行命名），更改名称如图6-1-10所示。使用同样方法，重命名电气原理图。

（三）导入和导出工程模板

1. 工程导出

步骤1：在 SOLIDWORKS Electrical 软件中，单击【工程管理器】按钮，如图6-1-11所示。

步骤2：在弹出的【工程管理器】对话框中，右击需要导出的工程文件，在弹出的菜单中单击【关闭】，如图6-1-12所示。

视频：导入和导出工程模板

步骤3：选中工程，单击【压缩】按钮，在弹出的对话框中单击【更新图纸】，如图6-1-13所示。

步骤4：在弹出的对话框中选择工程保存的路径，并填写工程名称，然后单击【保存】按钮，如图6-1-14所示。

2. 工程导入

步骤1：在 SOLIDWORKS Electrical 软件中，单击【工程管理器】按钮，如图6-1-15所示。

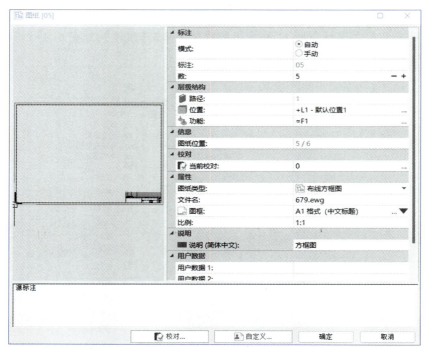

图 6-1-10　布线方框图名称更改

图 6-1-11　单击【工程管理器】按钮

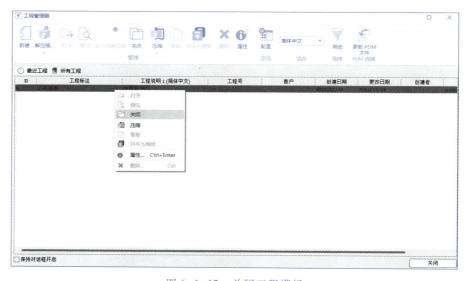

图 6-1-12　关闭工程模板

图 6-1-13　压缩、更新图纸

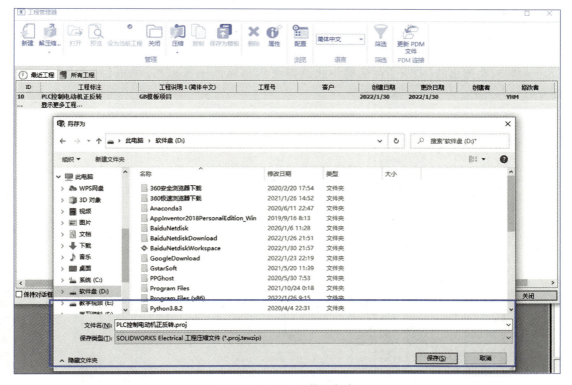

图 6-1-14　工程模板保存

图 6-1-15 单击【工程管理器】按钮

步骤 2：在弹出的【工程管理器】对话框中单击【解压缩】按钮，如图 6-1-16 所示。

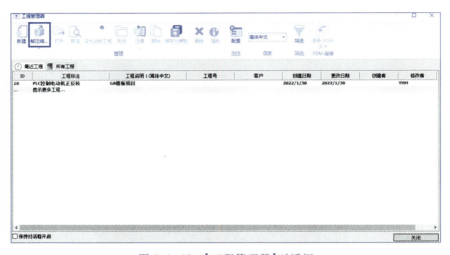

图 6-1-16 【工程管理器】对话框

步骤 3：在弹出的【打开】对话框中找到需要解压缩的工程模板，单击【打开】按钮，如图 6-1-17 所示。

图 6-1-17 选择要解压缩（导入）的工程

步骤4:根据需要,可以在弹出的对话框中修改工程【名称】等信息,如图6-1-18所示。设置完成后,单击【确定】按钮即可完成工程模板的导入。

图6-1-18 修改导入的工程模板信息

三、任务自评

序号	学习目标	知识、技能点	自我评估结果
1	学会新建工程模板的操作方法	• 新建 • 更改名称	□掌握 □初步掌握 □未掌握
2	能正确导入和导出工程模板	• 压缩 • 解压缩	□掌握 □初步掌握 □未掌握

工作任务二

创建工作站电气系统布线方框图

　　布线方框图用于简单地显示工程设备内部连接的总体情况，也包含形成连接关系的电缆信息。它可以用最简单的方式表达电气的接线关系，方便用户定义不同的设备及其位置（机柜、控制柜、操作台、转接柜等）的系统总览，展示设备的功能。

　　下面介绍创建布线方框图的操作方法。

一、任务说明

任务名称	创建工作站电气系统布线方框图	
任务目标	知识目标	掌握布线方框图绘制方法及原则
	能力目标	能够利用插入符号、添加符号、连接电缆等操作方法绘制布线方框图
所用设备	计算机	
任务告知	通过学习能够创建布线方框图	

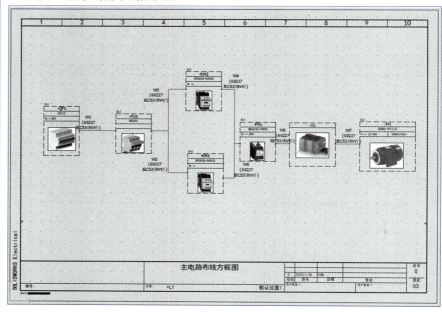

二、任务学习

　　本工作任务是绘制工作站电气系统典型控制电路——PLC 控制电动机正反转控制电路的布线方框图，可分为主电路布线方框图和 PLC 电路布线方框图两张图纸，下面开始绘制布线方框图。

（一）主电路布线方框图的绘制

1. 修改图框尺寸

步骤1：右击导航栏中的【03-布线方框图】，在弹出的菜单中选择【属性】，如图6-2-1所示。

步骤2：在弹出的对话框中找到【说明（简体中文）】，修改图纸名称为【主电路布线方框图】，如图6-2-2所示。

步骤3：右击【03-主电路布线方框图】，在弹出的菜单中选择【图框】→【替换】，如图6-2-3所示。

步骤4：在弹出的【图框选择器】对话框中选择【ISO 216 格式】→【格式 A3-420×297 mm】→【10列（中文标题）】，然后单击【选择】按钮，如图6-2-4所示。

2. 插入断路器符号

步骤1：双击导航栏中【1-文件集】下的【03-主电路布线方框图】，打开主电路布线方框图，如图6-2-5所示。

图6-2-1 选择布线方框图的【属性】菜单命令

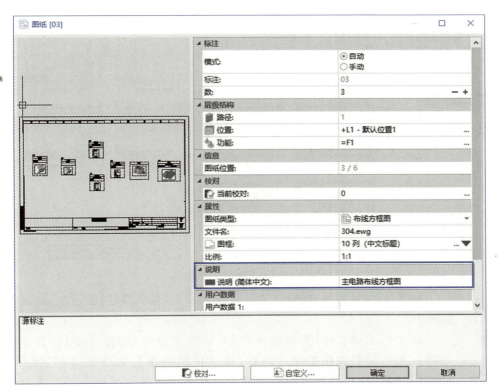

图6-2-2 修改布线方框图名称

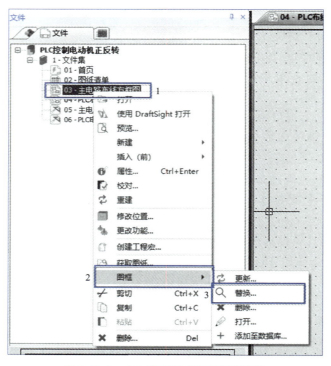

图 6-2-3　主电路布线方框图图框替换

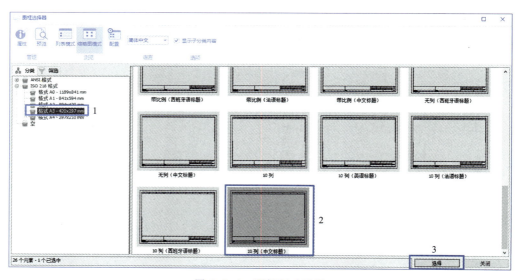

图 6-2-4　图框尺寸选择

视频：插入
断路器布线
方框图符号

步骤2：单击【布线方框图】选项卡，然后单击【插入符号】按钮，如图6-2-6所示。

步骤3：在弹出的【符号选择器】对话框中单击左侧【分类】栏目中的【断路器】，然后在右边预览框中选择【模块化断路器】，如图6-2-7所示，单击【选择】按钮，在布线方框图中选择合适位置单击即可将断路器插入到【布线方框图】中。

图 6-2-5　双击打开主电路布线方框图

图 6-2-6　插入符号

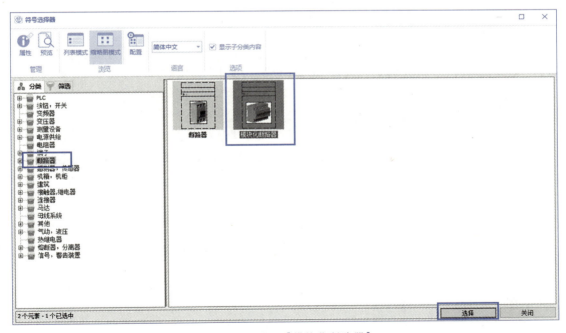

图 6-2-7　插入【模块化断路器】

步骤 4：将断路器插入到布线方框图中后，在弹出的【符号属性】对话框中设定【标注】为 QF1，如图 6-2-8 所示。

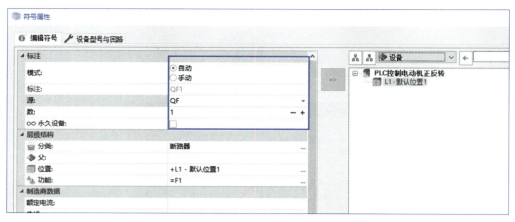

图 6-2-8　【符号属性】对话框

步骤 5：在【符号属性】对话框中，单击【设备型号与回路】选项卡，然后单击【搜索】按钮，如图 6-2-9 所示。

图 6-2-9　【设备型号与回路】选项卡

步骤 6：在弹出的【选择设备型号】对话框中，分别选择如下参数：【分类】选择【断路器】，【类型】选择【全部】，【制造商数据】选择【全部】，单击【查找】按钮，如图 6-2-10 所示。

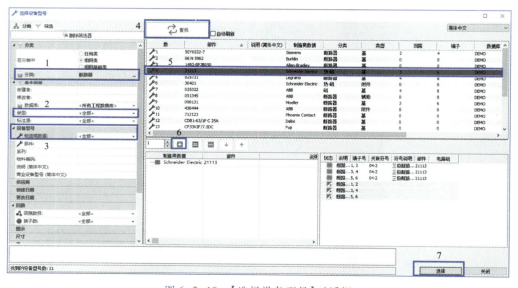

图 6-2-10　【选择设备型号】对话框

步骤7:在查找到的数据中选择【部件】号为【21113】、【制造商数据】为【Schneider Electric】(施耐德电气)的断路器设备,如图6-2-10所示。

步骤8:单击 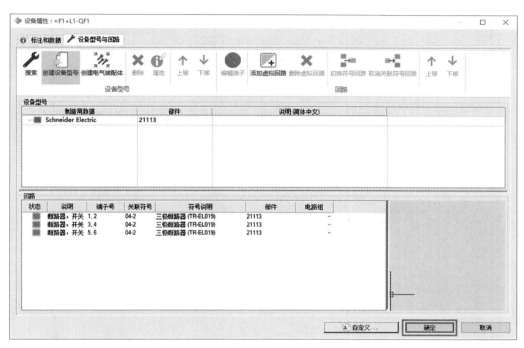 按钮添加设备,然后单击【选择】按钮,如图6-2-10所示。

步骤9:在【设备属性】对话框中,单击【确定】按钮即可将设备型号插入到布线方框图中,如图6-2-11、图6-2-12所示。

图6-2-11 【设备属性】对话框

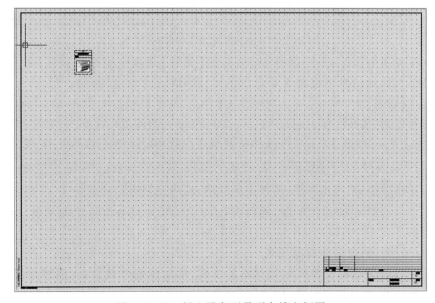

图6-2-12 插入设备型号到布线方框图

3. 创建交流接触器设备

在 SOLIDWORKS Electrical 数据库中没有工程图中需要的交流接触器（德力西 CJX1-9-22Q），因此以下讲解创建交流接触器（德力西 CJX1-9-22Q）的操作步骤。

步骤 1：单击【数据库】选项卡，单击【设备型号管理器】按钮，如图 6-2-13 所示。

图 6-2-13　【数据库】选项卡

步骤 2：在弹出的【设备型号管理器】对话框中单击【添加设备型号】按钮，如图 6-2-14 所示。

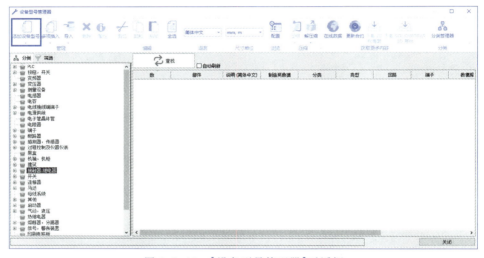

图 6-2-14　【设备型号管理器】对话框

步骤 3：在弹出的【设备型号属性】对话框的【属性】选项卡中修改设备【基本信息】，如图 6-2-15 所示，其他信息可根据需要自行填写，然后单击【确定】按钮。

步骤 4：在【设备型号属性】对话框中单击【回路，端子】选项卡，如图 6-2-16 所示。

步骤 5：为交流接触器（德力西 CJX1-9-22Q）添加 1 组线圈（A1、A2），3 组常开电源触点（1/L1、2/T1；3/L2、4/T2；5/L3、6/T3），2 组常开触点（13/NO、14/NO；43/NO、44/NO），以及 2 组常闭触点（21/NC、22/NC；31/NC、32/NC）共 8 个回路，并添加标注。单击 　·多个添加... 按钮，再单击 按钮，添加回路，添加完毕后单击【确定】按钮，如图 6-2-17 所示。

步骤 6：交流接触器（德力西 CJX1-9-22Q）设备型号添加完成，如图 6-2-18 所示。

4. 创建热继电器设备

参照创建交流接触器设备的步骤，添加热继电器设备，需添加的设备信息、回路和端子如图 6-2-19 所示。

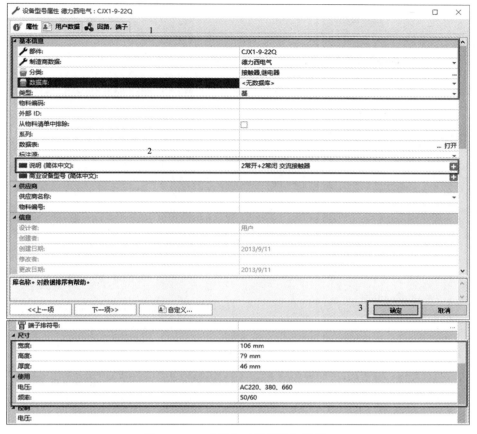

图 6-2-15　【设备型号属性】对话框

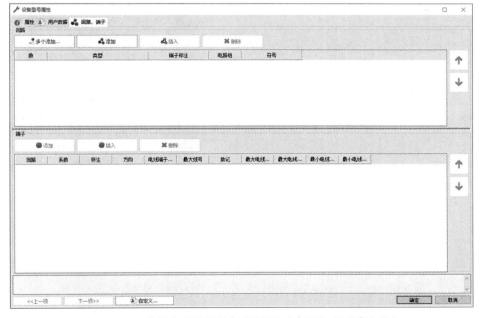

图 6-2-16　【设备型号属性】对话框中的【回路,端子】选项卡

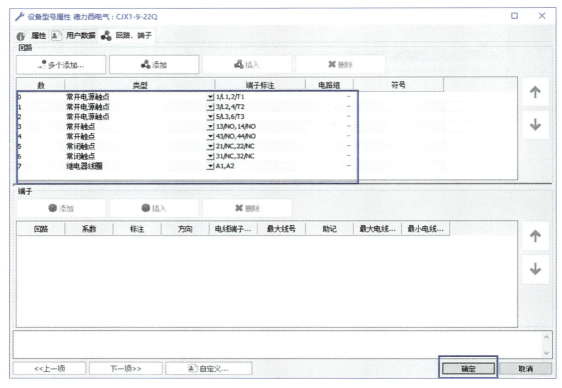

图 6-2-17　添加回路到设备型号中界面

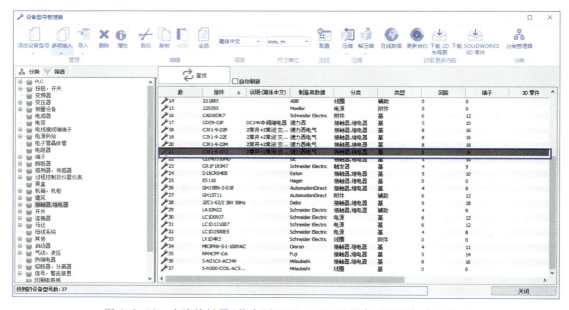

图 6-2-18　交流接触器(德力西 CJX1-9-22Q)设备型号添加完成界面

图 6-2-19　热继电器设备信息

5. 插入其他设备布线方框图符号

插入交流接触器、热继电器、三相异步电动机和端子排等符号,具体步骤同"插入断路器符号",插入符号时选择设备的部件号、制造商数据和数量,见表6-2-1。

表 6-2-1　布线方框图设备参数表

视频:插入主电路其他设备布线方框图符号

序号	元器件	部件号	制造商数据	数量	备注
1	交流接触器	CJX1-9-22Q	德力西	2	自建
2	热继电器	JRS1Ds-25-6	德力西	1	自建
3	热继电器底座	CHNT MB-2	正泰	1	数据库
4	电动机	LS100L-4P(2.2)	利莱森玛	1	数据库
5	三极熔断器	L40301	海格	1	数据库
6	断路器	21113	施耐德电气	1	数据库
7	端子	010500220	恩楚莱克	3	数据库

注意:表6-2-1中,序号1、2为软件自带数据库中没有的元器件,可根据需要自行创建,序号3~7为软件自带数据库中已有的元器件,无须新建。

插入断路器、三极熔断器、交流接触器、热继电器和三相异步电动机后,布线方框图的效果图如图6-2-20所示。

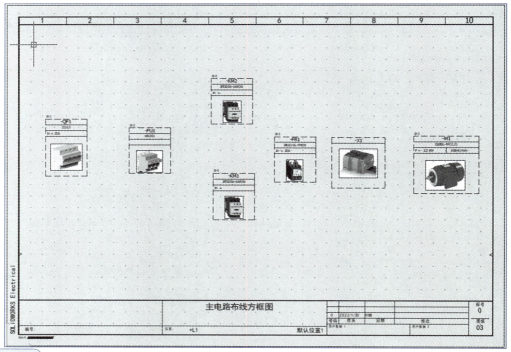

图 6-2-20　布线方框图的效果图

6. 创建电缆型号

视频:创建电缆型号

在 SOLIDWORKS Electrical 数据库中,没有工程图所需的电缆型号,因此需要创建 1 mm² 电缆型号。

步骤 1：在【数据库】选项卡中单击【电缆型号管理器】按钮，如图 6-2-21 所示。

图 6-2-21　单击【电缆型号管理器】按钮

步骤 2：在弹出的【电缆型号管理器】对话框中，单击【新建设备型号】按钮，如图 6-2-22 所示。

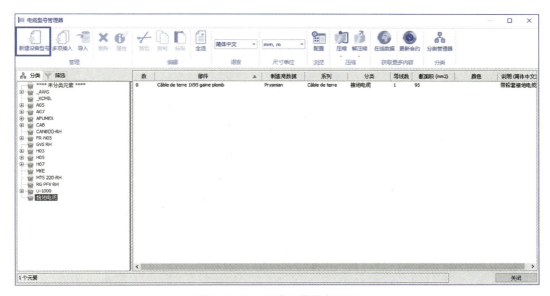

图 6-2-22　新建电缆设备型号

步骤 3：在弹出的【电缆型号属性】对话框的【属性】选项卡中，添加【部件】【制造商数据】等电缆信息，如图 6-2-23 所示。

步骤 4：在【电缆型号属性】对话框的【电缆芯】选项卡中，添加 4 根电缆，如图 6-2-24 所示，添加完毕后，单击【确定】按钮。

步骤 5：电缆型号创建完成，然后单击【关闭】按钮，如图 6-2-25 所示。

7. 绘制电缆

步骤 1：在图 6-2-26 所示的【布线方框图】选项卡中单击【绘制电缆】按钮，开始绘制设备间电缆。

步骤 2：连接各设备间导线，绘制电缆完毕，如图 6-2-27 所示。

（二）PLC 电路布线方框图的绘制

在 SOLIDWORKS Electrical 数据库中，没有工程图所需的中间继电器布线方框图符号，因此需要创建【中间继电器】布线方框图符号。

视频：绘制
主电路电缆

图 6-2-23　添加电缆属性信息

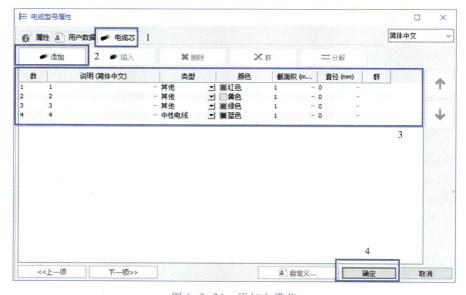

图 6-2-24　添加电缆芯

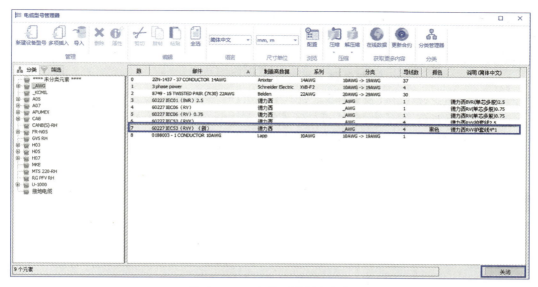

图 6-2-25　电缆型号创建完成

图 6-2-26　【布线方框图】选项卡

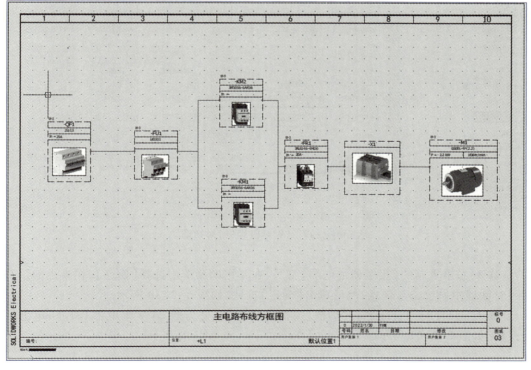

图 6-2-27　绘制电缆完毕

视频:创建中间继电器布线方框图符号

1. 修改 PLC 电路布线方框图图框尺寸

参照主电路布线方框图修改图框尺寸的步骤修改 PLC 电路布线方框图图框尺寸。

2. 创建中间继电器布线方框图符号

步骤 1:在【数据库】选项卡中单击【符号管理器】按钮,如图 6-2-28 所示。

步骤 2:系统弹出【符号管理器】对话框,在左侧【分类】选项卡中选择【接触器,继电器】,然后在右侧缩略图中找到布线方框图符号【接触器继电器】,选中【接触器继电器】进行复制粘贴,如图 6-2-29 所示。

图 6-2-28　【数据库】选项卡

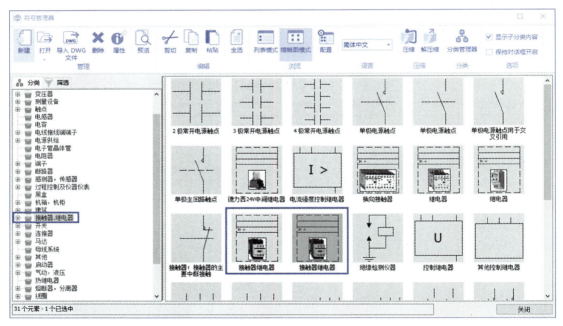

图 6-2-29　【符号管理器】对话框

步骤 3:右击复制的【接触器继电器】符号,在弹出的菜单中选择【属性】,在弹出的【符号属性】对话框中修改符号信息,然后单击【确定】按钮,如图 6-2-30 所示。

步骤 4:返回【符号管理器】对话框后,找到新建的【德力西 24 V 继电器】符号,单击【打开】按钮,如图 6-2-31 所示。

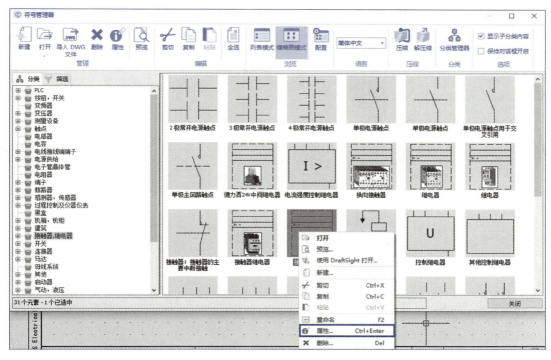

图 6-2-30 【符号属性】对话框

步骤 5：在弹出的【编辑符号】对话框中，先删除原有图片后，再单击【绘图】→【插入图片】菜单命令，找到【德力西 24 V 继电器】图片（图片格式为 bmp 或 dib），单击【打开】按钮，在弹出的对话框中单击【确定】按钮，如图 6-2-32 所示。

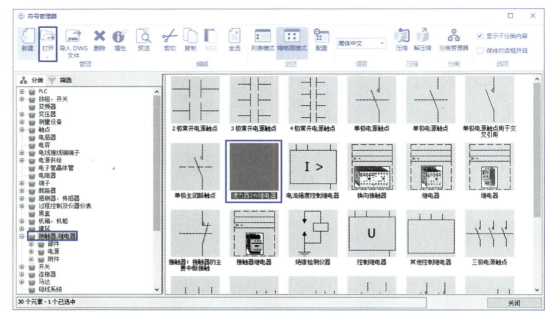

图 6-2-31　返回【符号管理器】对话框

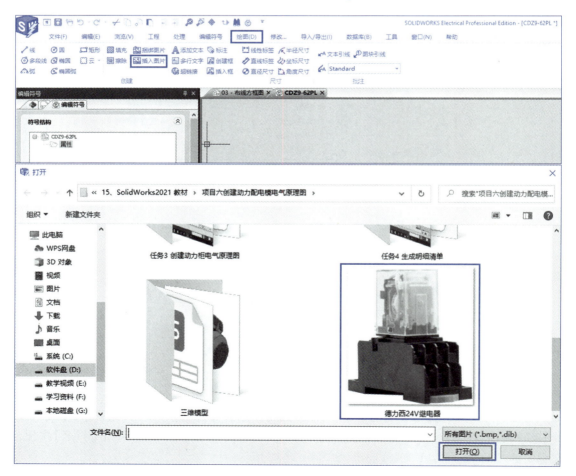

图 6-2-32 为符号添加缩略图

步骤 6:选中添加的图片,在【编辑符号】对话框右侧【属性】选项卡中,将高度设定为 20,宽度设定为 15(也可以根据图样调整合适的比例关系),如图 6-2-33 所示。

步骤 7:将【德力西 24 V 继电器】的图片移动到如图 6-2-34 所示位置。

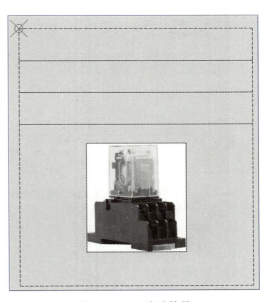

图 6-2-33 修改缩略图尺寸界面　　　　图 6-2-34 移动符号

步骤 8:单击【插入标注】按钮,插入所需要的【标注信息】,这里选择【#TAG】→【设备标注】,【#REF_MAN】→【制造商数据】,【#REF_REF】→【部件】,其他信息可根据需要自行添加,如图 6-2-35 所示。

步骤 9:单击【插入点】按钮,确定符号在布线方框图中的插入位置,如图 6-2-36 所示。

步骤 10:退出【编辑符号】对话框,单击当前页面的【×】按钮,如图 6-2-37 所示,在弹出的对话框中单击【是】按钮,保存符号后退出编辑符号界面。

3. 创建 S7-1215C PLC 布线方框图符号

参照添加、编辑德力西 24 V 继电器布线方框图符号步骤,添加、编辑 S7-1215C PLC 布线方框图符号,如图 6-2-38 所示。

视频:创建 S7-1215C PLC 布线方框图符号

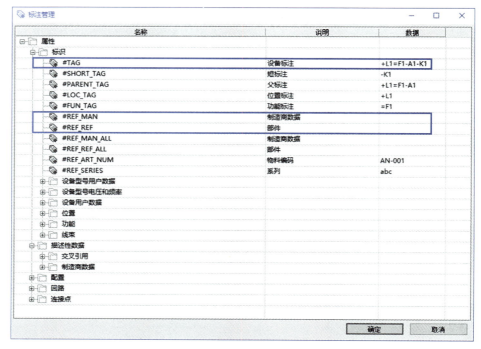

图 6-2-35　为符号插入标注信息

图 6-2-36　插入点设置界面

图 6-2-37　退出【符号编辑】对话框

4. 插入设备布线方框图符号

参照在主电路布线方框图中插入断路器的操作步骤，分别将 24 V 开关电源、S7-1215C PLC、端子排、按钮和继电器符号插入布线方框图后的效果如图 6-2-39 所示。

视频：插入 PLC 电路其他设备布线方框图符号

视频：绘制 PLC 电路电缆

5. 绘制电缆

参照主电路布线方框图中绘制电缆的操作步骤绘制 PLC 电路布线方框图的电缆，完成后的布线方框图如图 6-2-40 所示。

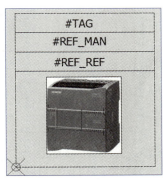

图 6-2-38　S7-1215C 布线方框图符号

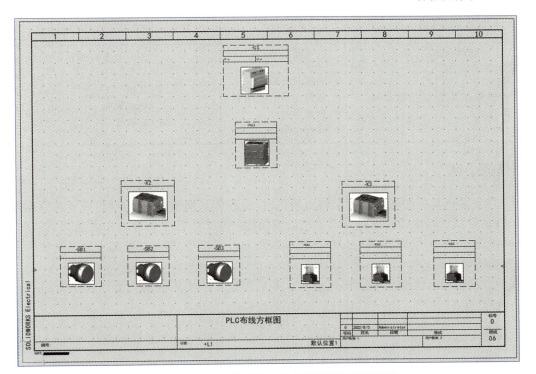

图 6-2-39　设备符号插入布线方框图后的效果图

161

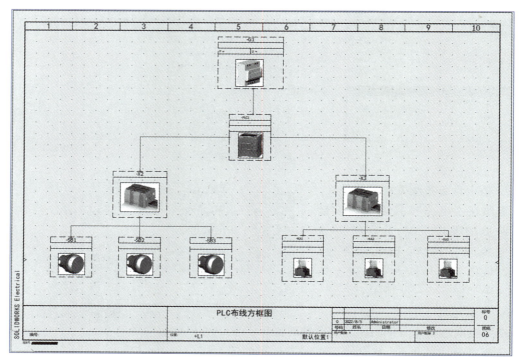

图 6-2-40　PLC 电路布线方框图的效果图

三、任务自评

学习目标	知识、技能点	自我评估结果
能够根据工程需要绘制布线方框图	● 图框尺寸修改 ● 创建布线方框图符号 ● 创建电缆 ● 绘制电缆	□掌握 □初步掌握 □未掌握

任务小结

（1）绘制 PLC 控制电动机正反转电路图时，会有部分设备型号、元器件符号在数据库中没有，因此需要自行创建相应符号以方便后续使用。本工作任务是通过先创建交流接触器、热继电器设备、24 V 继电器、S7-1215C PLC 布线方框图符号，然后在绘制方框图时使用上述布线方框图符号。

（2）根据需要，电缆也可以自行创建。本工作任务中使用到的德力西 4 芯 1 mm² 电缆就是自行创建的。

工作任务三

创建工作站电气系统主电路电气原理图

电气原理图用于显示电气设备和详细的电气连接。电气原理图可能会出现在工程中的一个或多个文件集中。打开电气原理图后,工具栏会出现只用于电气原理图设计的工具。

本工作任务是创建工作站电气系统主电路电气原理图。下面介绍创建工作站电气系统主电路电气原理图的操作方法。

一、任务说明

任务名称		创建工作站电气系统主电路电气原理图
任务目标	知识目标	掌握主电路电气原理图绘制方法及原则
	能力目标	根据工程需要绘制主电路电气原理图
所用设备		计算机
任务告知		通过学习能够绘制主电路电气原理图 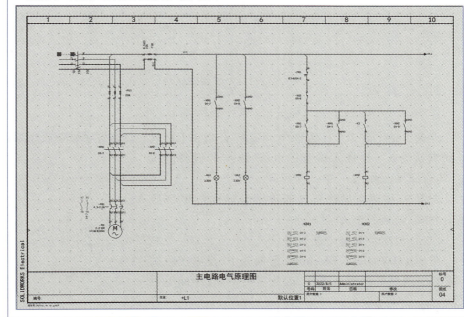

二、任务学习

（一）绘制电线

在绘制电线前,先将电气原理图图框更换为【格式 A3–420 mm×297 mm】,具体操作步骤请参照工作任务二中布线方框图图框的修改步骤。

步骤1:在【原理图】选项卡中单击【绘制多线】按钮,在弹出的【命令】对话框中单击 [...] 按钮,在弹出的【电线样式选择器】对话框中选择所需的电缆样式(也可以根据工程需要自建电线样式),单击【选择】按钮即可开始绘制设备间电线,如图6-3-1所示。

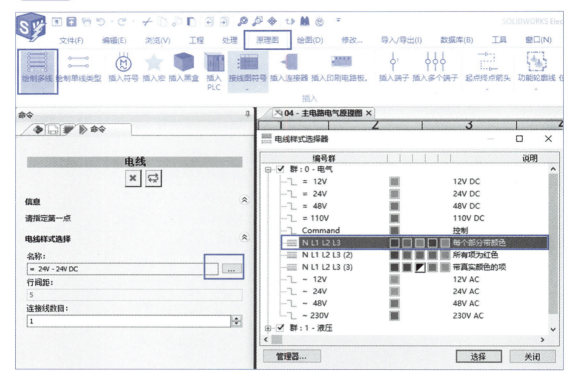

图6-3-1　绘制多线

步骤2:在【命令】对话框中调整好合适的【行间距】(默认为5),选择所需要的电线,连接各设备间电线,其选择界面如图6-3-2所示。

步骤3:按照主电路电气原理图开始绘制电气原理图电线,绘制样式如图6-3-3所示。

(二)创建中间继电器设备

在SOLIDWORKS Electrical数据库中,没有工程图所需的中间继电器设备型号,因此需要创建【中间继电器】设备。

图6-3-2　电线样式选择

步骤1:在【数据库】选项卡中单击【设备型号管理器】按钮,如图6-3-4所示。

步骤2:在弹出的【设备型号管理器】对话框中单击【添加设备型号】按钮,如图6-3-5所示。

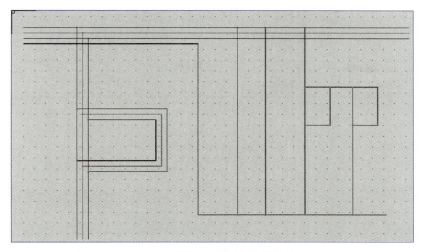

图 6-3-3　主电路电线绘制样式

图 6-3-4　【数据库】选项卡

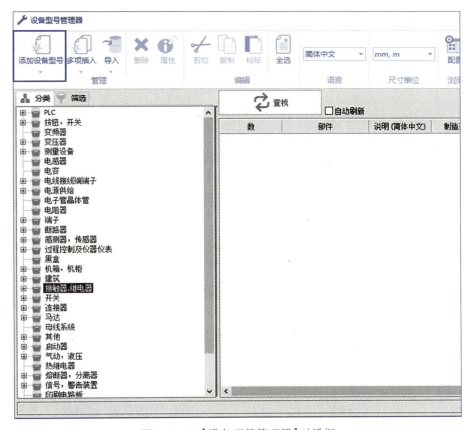

图 6-3-5　【设备型号管理器】对话框

步骤3：在弹出的【设备型号属性】对话框【属性】选项卡中修改设备【基本信息】，如图 6-3-6 所示，其他信息可根据需要自行填写，然后单击【确定】按钮。

图 6-3-6　【设备型号属性】对话框

步骤4：在【设备型号属性】对话框中单击【回路，端子】选项卡，如图 6-3-7 所示。

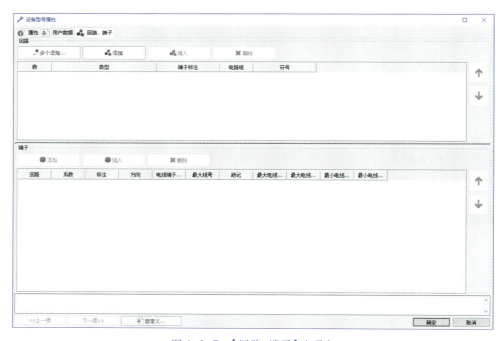

图 6-3-7　【回路，端子】选项卡

步骤 5：添加多个回路。此处添加的中间继电器有 1 组线圈、2 组常开触点、2 组常闭触点，单击 ▸多个添加… 按钮，在弹出的对话框中单击 按钮，添加回路，然后单击【确定】按钮，如图 6-3-8 所示。

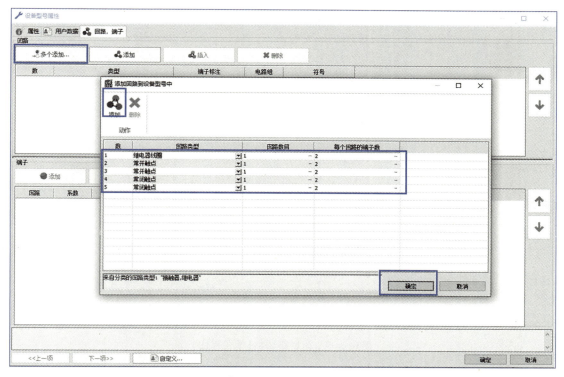

图 6-3-8　【添加回路到设备型号中】对话框

步骤 6：为回路添加【端子标注】，然后单击【确定】按钮，如图 6-3-9 所示。德力西 24 V 中间继电器设备型号添加完成，如图 6-3-10 所示。

（三）插入断路器电气原理图符号

步骤 1：双击左侧导航栏【1-文件集】下的【05-主电路电气原理图】，如图 6-3-11 所示，打开电气原理图。

步骤 2：在【原理图】选项卡中单击【插入符号】按钮，如图 6-3-12 所示。

步骤 3：在左侧任务栏弹出的【命令】对话框【插入符号】栏中单击【其他符号】按钮，如图 6-3-13 所示。

视频：插入断路器电气原理图符号

步骤 4：在弹出的【符号选择器】对话框左侧【分类】选项卡中找到【断路器】，单击右边预览框中的【三极断路器】，然后单击【选择】按钮将其插入到【主电路电气原理框图】中，如图 6-3-14 所示。

步骤 5：在弹出的【符号属性】对话框右侧【设备】栏中找到【=F1-QF1】（部件号：21113，制造商数据：Schneider Electric），然后单击【确定】按钮，如图 6-3-15 所示。

注：此处添加的【设备】在工作任务二【布线方框图】中已经添加，因此在此处只需要选择与【布线方框图】中一致的设备即可。

工作领域六 创建工作站电气系统

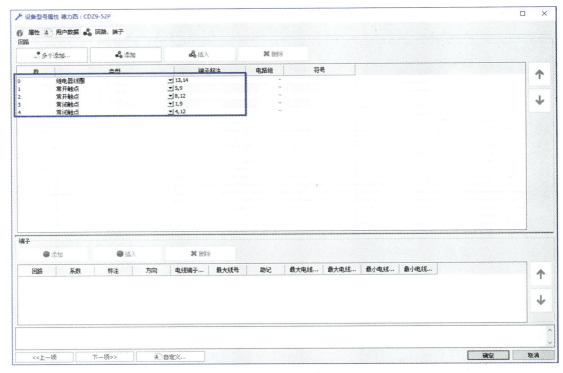

图 6-3-9 为回路添加【端子标注】

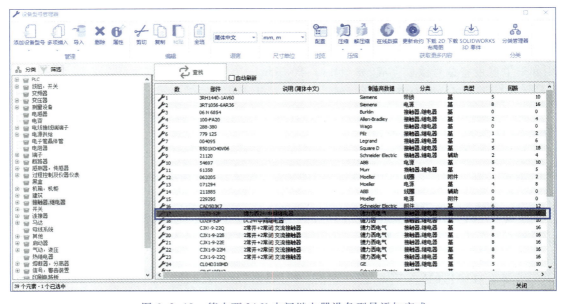

图 6-3-10 德力西 24 V 中间继电器设备型号添加完成

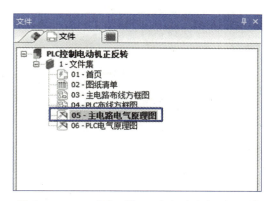

图 6-3-11 双击打开【05-主电路电气原理图】

图 6-3-12 【原理图】选项卡

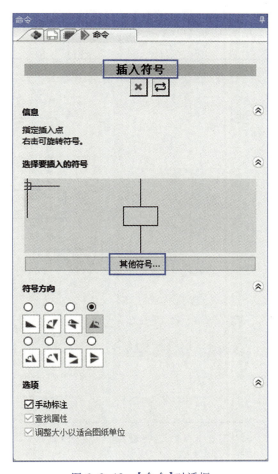

图 6-3-13 【命令】对话框

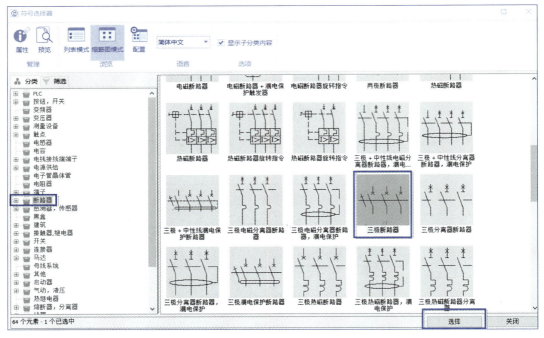

图 6-3-14　插入【三极断路器】

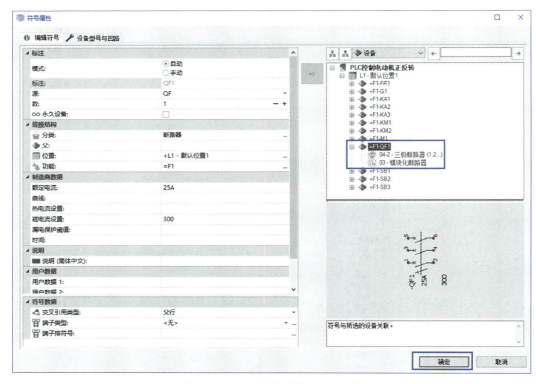

图 6-3-15　选择设备【=F1-QF1】

步骤 6：将断路器符号插入主电路电气原理图中，如图 6-3-16 所示。

（四）插入其他设备电气原理图符号

将交流接触器、热继电器、三相交流电动机、熔断器、指示灯、继电器常开触点、继电器常闭触点等电气原理图符号插入【05－主电路电气原理图】，步骤同插入断路器电气原理图符号，插入完成后如图6-3-17所示。插入符号时选择设备的部件号、制造商数据、数量见表6-3-1。

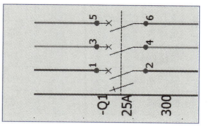

图6-3-16　断路器符号插入主电路电气原理图

视频：插入其他设备电气原理图符号

注意：

（1）表6-3-1中元器件的部件号与制造商数据部分为软件安装时数据库中自带数据。如工程中所需要的元器件在数据库中没有，则需要自行在数据库中添加符号、设备等数据。

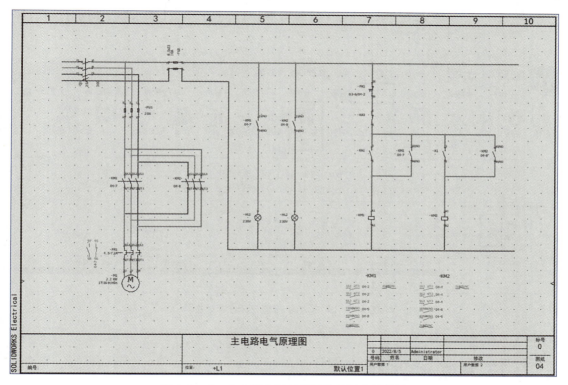

图6-3-17　主电路电气原理图符号插入效果图

（2）插入符号位置可根据需要自行调整。

表6-3-1　电气原理图设备参数表

序号	元器件	部件号	制造商数据	数量	备注
1	交流接触器	CJX1-9-22Q	德力西	2	自建
2	热继电器	JRS1Ds-25-6	德力西	1	自建
3	三相交流电动机	LS100L-4P(2.2)	利莱森玛	1	数据库

续表

序号	元器件	部件号	制造商数据	数量	备注
4	三极熔断器	L40301	海格	1	数据库
5	二极熔断器	005820	罗格朗	1	数据库
6	断路器	21113	施耐德电气	1	数据库
7	指示灯	3SB3612-6BA30	西门子	3	数据库

视频：插入
端子排

（五）插入端子排

步骤 1：在【工程】选项卡中单击【端子排】按钮，如图 6-3-18 所示。

步骤 2：在弹出的【端子排管理器】对话框中，单击【编辑】按钮（在工作任务二布线方框图中端子排已经插入），如图 6-3-19 所示。

步骤 3：在弹出的【端子排编辑器】对话框中单击【插入多个端子】按钮，如图 6-3-20 所示。

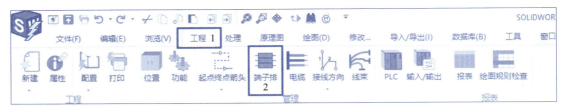

图 6-3-18　【工程】选项卡

图 6-3-19　【端子排管理器】对话框

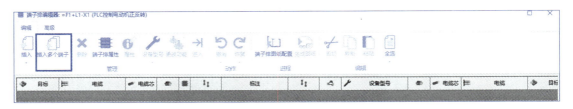

图 6-3-20　【端子排编辑器】对话框

步骤 4：在弹出的对话框中输入 3，设置端子数，单击【确定】按钮，如图 6-3-21 所示。

步骤 5：单击标注【1】，单击【设备型号】下拉按钮，选择【分配设备型号】为端子分配设备，如图 6-3-22 所示。

步骤 6：在弹出的【选择设备型号】对话框中，单击【查找】按钮，选择【部件】为【010500220】，【制造商数据】为【Entrelec】，如图 6-3-23 所示。

图 6-3-21　【插入多个】对话框

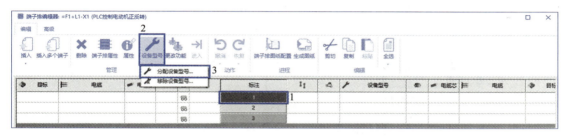

图 6-3-22　分配端子设备型号

图 6-3-23　【选择设备型号】对话框

步骤 7：依次为标注【2】【3】选择设备型号，如图 6-3-24 所示。

图 6-3-24　为标注【2】【3】选择设备型号

步骤 8：在【原理图】选项卡中单击【插入多个端子】按钮，如图 6-3-25 所示。

图 6-3-25　【原理图】选项卡

步骤 9：在页面左侧弹出的【命令】对话框【插入端子】栏中，单击【其他符号】按钮，在弹出的【符号选择器】对话框中找到与图 6-3-26 方框 4 中相同的符号，将其插入到热继电器与三相交流电动机中间电线上。

步骤 10：单击选中左侧第一条电线，向右再选中左侧第三条电线，绘制轴线，拖动鼠标光标选择端子的方向，这里选择端子方向向下。最后单击空白处确定方向，绘制轴线如图 6-3-27 所示。

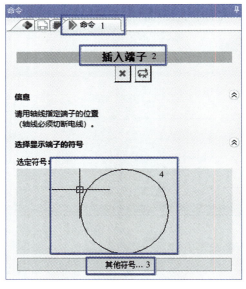

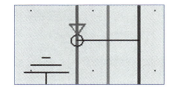

图 6-3-26　【插入端子】符号　　　　图 6-3-27　绘制轴线

步骤 11：在弹出的【端子符号属性】对话框中单击右侧【＝F1-X1】下【1】端子，如图 6-3-28 所示。

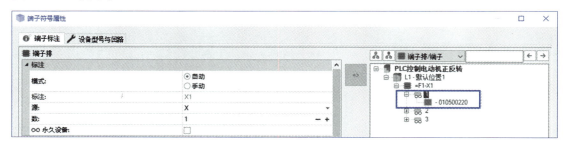

图 6-3-28　插入端子符号

步骤 12:按照步骤 11 依次添加其余两个端子符号,其效果如图 6-3-29 所示。

（六）电线编号

电线绘制完毕后需要对电线进行编号,方便后续接线使用。

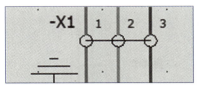

图 6-3-29　插入端子符号后原理图的效果

视频:电线编号

步骤 1:保持主电路电气原理图为当前视图,在【处理】选项卡中单击【重编线号】按钮,如图 6-3-30 所示。

图 6-3-30　【处理】选项卡

步骤 2:在弹出的【电线重新编号】对话框中单击【电线样式管理器】按钮,如图 6-3-31 所示。

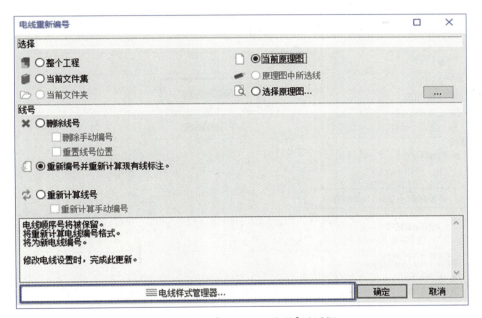

图 6-3-31　【电线重新编号】对话框

步骤 3:在弹出的【电线样式管理器】对话框中,对【编号样式】进行修改,操作如下,如图 6-3-32 所示。

（1）电缆样式选择【NL1L2L3】。

（2）编号样式选择【电位】。

（3）【显示方式】选择 两端标注。

（4）【显示样式】选择【电位标注】。

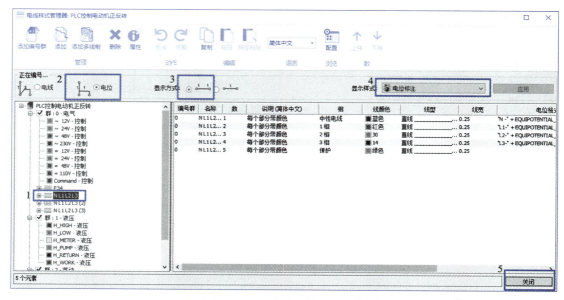

图 6-3-32 【电线样式管理器】对话框

（5）单击【关闭】按钮。

步骤 4：返回【电线重新编号】对话框，对电线编号进行如下设置，如图 6-3-33 所示。

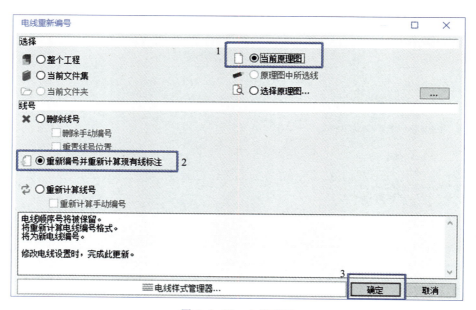

图 6-3-33 电线编号

（1）选中【当前原理图】。

（2）选中【重新编号并重新计算现有线标注】。

（3）单击【确定】按钮。

电线编号后的效果如图 6-3-34 所示。

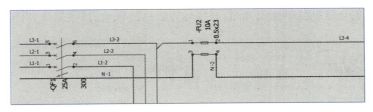

图 6-3-34　电线编号后的效果

（七）接线方向调整

视频：接线
方向调整

【接线方向】可以定义复杂设备连接的方式。它允许优化电线和电缆长度并确定布线方向（从/到），这使其更易于在连接和电缆列表中读取。

步骤 1：接线方向调整，可以进行如下操作，如图 6-3-35 所示。

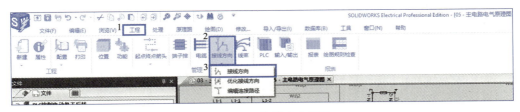

图 6-3-35　接线方向调整

（1）单击【工程】选项卡。

（2）单击【接线方向】下拉按钮。

（3）在弹出的菜单中单击【接线方向】。

步骤 2：在弹出的【接线方向】对话框中可以看到，【电位号】栏中会显示电位、电线、电缆的情况，可以根据需要调整电线或电缆两端连接的元器件端子，如图 6-3-36 所示。

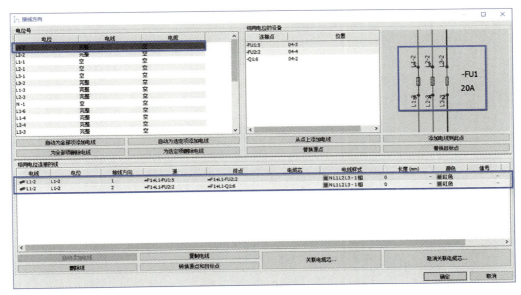

图 6-3-36　【接线方向】对话框

步骤3：为便于分辨电线的接线方向，对接线方式进行修改，修改操作如图6-3-37所示。

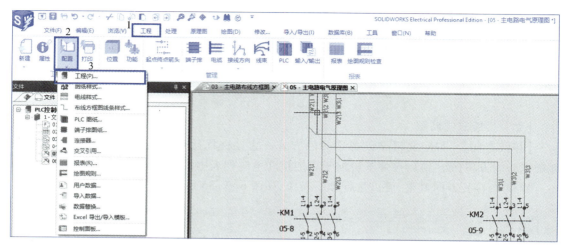

图6-3-37　接线方式的修改操作

步骤4：在弹出的【工程配置】对话框中，按图6-3-38所示进行操作。

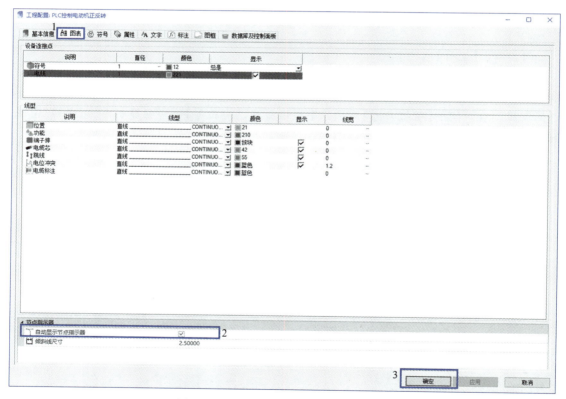

图6-3-38　勾选【自动显示节点指示器】

步骤5：设置完成后，多台设备间的电线连接会更加清晰明了，其连接方式如图6-3-39所示。

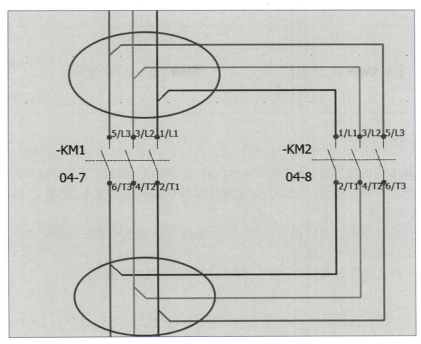

图6-3-39 【自动显示节点指示器】显示多台设备间电线连接方式

三、任务自评

序号	学习目标	知识、技能点	自我评估结果
1	能够根据电气原理图绘制电线	• 掌握电线不同颜色的含义 • 学会电线样式的创建与选择	□掌握 □初步掌握 □未掌握
2	能够根据工程需要创建所需设备的电气原理图符号	• 创建设备电气原理图符号	□掌握 □初步掌握 □未掌握
3	能够根据工程图纸需要,插入所需设备的电气原理图符号	• 识别、插入设备电气原理图符号	□掌握 □初步掌握 □未掌握
4	能够插入工程所需的端子排	• 单个端子 • 多个端子的端子排 • 端子排的方向	□掌握 □初步掌握 □未掌握
5	能够根据工程需要对电线编号	• 电线样式设置 • 电位编号 • 电线编号 • 显示方式 • 显示样式	□掌握 □初步掌握 □未掌握

续表

序号	学习目标	知识、技能点	自我评估结果
6	能够根据工程需要,对接线方向进行调整	● 根据元器件摆放规则调整接线方向	□掌握 □初步掌握 □未掌握

任务小结

（1）绘制电气原理图时,可以先插入电气符号,按照原理图位置摆放好后再绘制电线。

（2）电气符号摆放时,注意符号中管脚符号的顺序要符合实际接线、三维布线时的需求,不可以随意放置。

（3）电气原理图电气符号添加以后,需要为电气符号分配设备。前期在绘制布线方框图时已经分配的无须再分配设备。

（4）对所有电线完成编号后,编号自动出现在每条线的连接端。

工作任务四

创建工作站电气系统 PLC 电气原理图

电气原理图用于显示电气设备和详细的电气连接。电气原理图可能会出现在工程中的一个或多个文件集中。打开电气原理图后，工具栏会出现只用于电气原理图设计的工具。

本工作任务是创建工作站电气系统 PLC 电气原理图。下面介绍创建工作站电气系统 PLC 电气原理图的操作方法。

一、任务说明

任务名称		创建工作站电气系统 PLC 电气原理图
任务目标	知识目标	掌握 PLC 电气原理图绘制方法及原则
	能力目标	能够根据工程需要
所用设备		计算机
任务告知		通过学习能够绘制 PLC 电气原理图 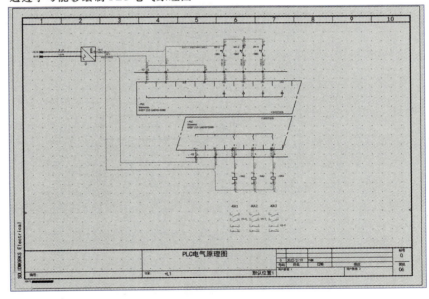

二、任务学习

（一）创建 PLC 电气原理图

步骤 1：右击【1-文件集】，在弹出的菜单中选择【新建】→【原理图】，如图 6-4-1 所示。

图 6-4-1 创建 PLC 电气原理图

步骤 2:右击【06-PLC 电气原理图】,在弹出的菜单中选择【属性】,如图 6-4-2 所示。

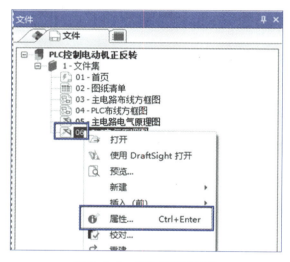

图 6-4-2 电气原理图属性

步骤 3:修改【说明(简体中文)】为【PLC 电气原理图】,如图 6-4-3 所示。

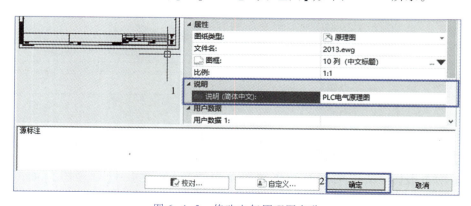

图 6-4-3 修改电气原理图名称

（二）修改电气原理图图框尺寸

在开始绘制 PLC 电气原理图前,先将电气原理图图框更换为【格式 A3—420 mm×297 mm】,详细步骤请参照工作任务二中布线方框图图框的修改。

（三）创建西门子 S7-1215C PLC 设备

在 SOLIDWORKS Electrical 数据库中,没有工程图所需的【西门子 S7-1215C PLC】设备型号,因此需要创建【西门子 S7-1215C PLC】设备。

步骤 1:在【数据库】选项卡中单击【设备型号管理器】按钮,如图 6-4-4 所示。

图 6-4-4　【数据库】选项卡

步骤 2:在弹出的【设备型号管理器】对话框中单击【添加设备型号】按钮,如图 6-4-5 所示。

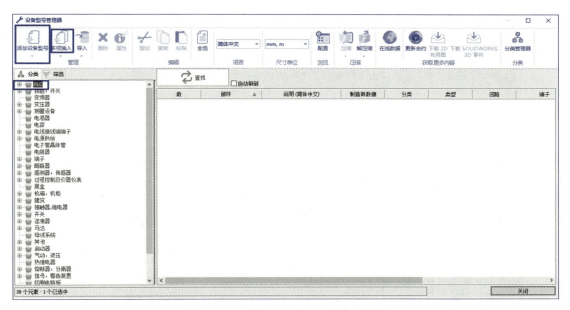

图 6-4-5　【设备型号管理器】对话框

步骤 3:在弹出的【设备型号属性】对话框【属性】选项卡中修改设备【基本信息】,如图 6-4-6 所示,其他信息可根据需要自行填写,然后单击【确定】按钮。

步骤 4:在【设备型号属性】对话框中单击【回路,端子】选项卡,如图 6-4-7 所示。

步骤 5:为【西门子 S7-1215C PLC】添加 1 组电源(24 V)、14 个输入点、10 个输出点、2 个模拟量输入、2 个模拟量输出等共 35 个回路,并添加标注。单击 多个添加... 按钮,在弹出的对话框中单击 按钮,添加回路,添加完毕后单击【确定】按钮,如图 6-4-8、图 6-4-9 所示。

图 6-4-6　【设备型号属性】对话框

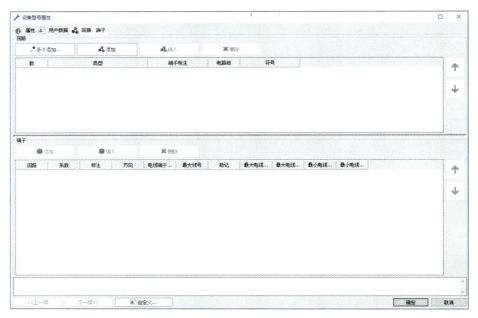

图 6-4-7　【回路,端子】选项卡

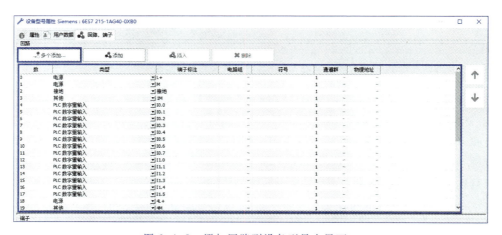

图 6-4-8　添加回路到设备型号中界面一

图 6-4-9　添加回路到设备型号中界面二

步骤 6：【西门子 S7-1215C PLC】设备型号添加完成，如图 6-4-10 所示。

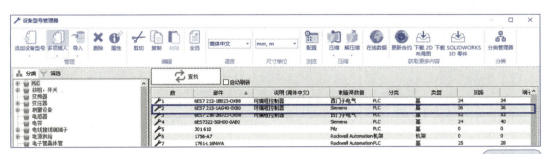

图 6-4-10　【西门子 S7-1215C PLC】设备型号添加完成

（四）创建 24 V 开关电源设备

参照创建【西门子 S7-1215C PLC】设备的步骤，创建【24 V 开关电源】设备，其【属性】选项卡中的【基本信息】界面如图 6-4-11 所示。

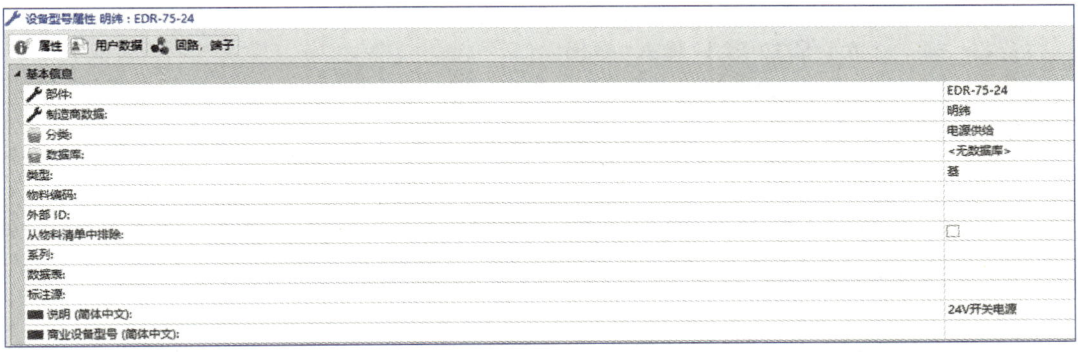

视频：创建 24V 开关电源设备

图 6-4-11　【24 V 开关电源】设备【属性】选项卡中的【基本信息】界面

视频:关联
PLC 设备
型号

（五）关联 PLC 设备型号

步骤 1:在【工程】选项卡中单击【PLC】按钮 ，如图 6-4-12 所示。

步骤 2:在弹出的【PLC 管理器】对话框中,选中【PLC1】,然后单击【插入 PLC】按钮,如图 6-4-13 所示。

步骤 3:按照图 6-4-14 所示步骤,在弹出的【选择设备型号】对话框中,选择【西门子 S7-1215C】(部件号为 6ES7 215-1AG40-0XB0)。

图 6-4-12　添加 PLC 工具栏

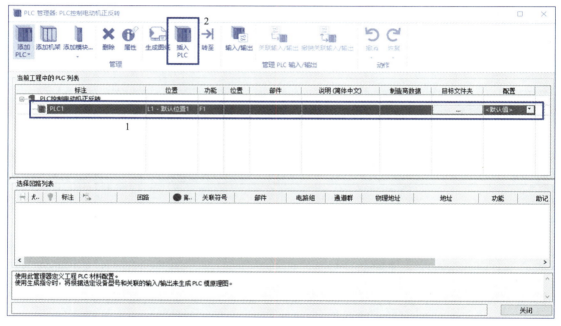

图 6-4-13　关联 PLC 界面

视频:添加
PLC 输入/
输出

（六）添加 PLC 输入/输出

步骤 1:在【工程】选项卡中单击【PLC】按钮 ,如图 6-4-15 所示。

步骤 2:在弹出的【PLC 管理器】对话框中单击【输入/输出】按钮 ,如图 6-4-16 所示。

步骤 3:在弹出的【输入/输出管理器】对话框中,单击【添加多个输入/输出】下拉按钮,选择【PLC 数字量输入】,如图 6-4-17 所示。

步骤 4:在弹出的对话框中,填写数字:3(本工作领域绘制的电路图需要 3 个 PLC 输入,分别为正转启动按钮 SB1、反转启动按钮 SB2 和停止按钮 SB3),如图 6-4-18 所示。

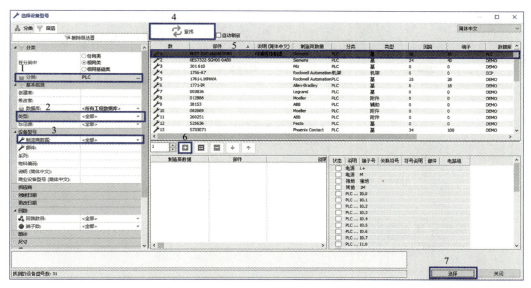

图 6-4-14　选择 PLC 设备型号界面

图 6-4-15　添加 PLC 工具栏

图 6-4-16　添加 PLC 输入/输出工具

图 6-4-17　添加数字量输入工具

图 6-4-18　创建 3 个 PLC 数字量输入

步骤 5：按照步骤 4 的操作流程，添加 3 个 PLC 数字量输出，输出分别控制中间继电器 KA1、KA2、KA3，如图 6-4-19 所示。

图 6-4-19　PLC 数字量输入/输出添加完毕

步骤 6：添加完 PLC 数字量输入输出后，单击右下角的【关闭】按钮。

步骤 7：在【PLC 管理器】对话框中，单击【选择回路列表】下的 PLC 数字量输入 I0.0，再单击【关联输入/输出】按钮，如图 6-4-20 所示。

图 6-4-20　关联输入/输出

步骤8:在弹出的【输入/输出选择】对话框中选择【助记】为 1 的 PLC 数字量输入,如图 6-4-21 所示。单击右下角的【选择】按钮后,系统弹出如图 6-4-22 所示的对话框,表示关联回路成功,单击【确定】按钮即可。

图 6-4-21 关联 PLC 数字量输入界面

图 6-4-22 回路关联成功界面

步骤9:按照步骤 8 的操作步骤,关联其他 2 个 PLC 数字量输入和 3 个 PLC 数字量输出,添加完毕后的界面如图 6-4-23 所示。

(七) 插入 PLC 数字量输入/输出原理图符号

步骤1:在【原理图】选项卡中单击【插入 PLC】按钮，如图 6-4-24 所示。

步骤2:在弹出的对话框中选择【确定要继续绘制" =F1+L1-PLC"吗?】,如图 6-4-25 所示。

视频:插入 PLC 数字量输入/输出原理图符号

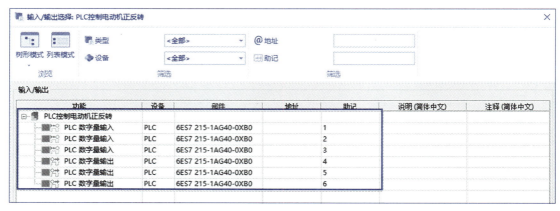

图 6-4-23　回路关联完毕界面

图 6-4-24　【原理图】选项卡

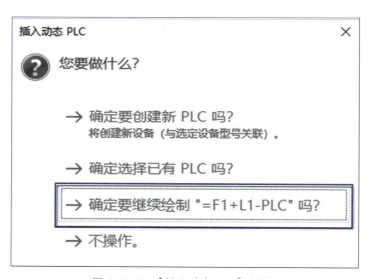

图 6-4-25　【插入动态 PLC】对话框

步骤 3：在 PLC 电气原理图中插入 PLC 数字量输入，在左侧任务栏中，选择需要的接线点（这里选择 L+、M、接地、1M、I0.0、I0.1、I0.2），如图 6-4-26 所示。

步骤 4：在 PLC 电气原理图中插入 PLC 数字量输出，在左侧任务栏中，选择需要的接线点（这里选择 4L+、4M、Q0.0、Q0.1、Q0.2），插入原理图时，单击 按钮，改变数字量输出，使其向下，如图 6-4-27 所示。

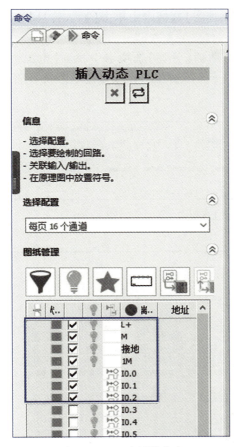

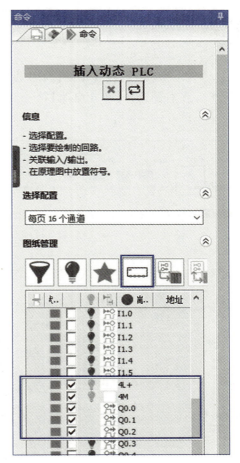

图 6-4-26　选择输入点　　　　　　　　　图 6-4-27　选择输出点

步骤 5：将 PLC 数字量输入和输出插入完毕后，其效果如图 6-4-28 所示。

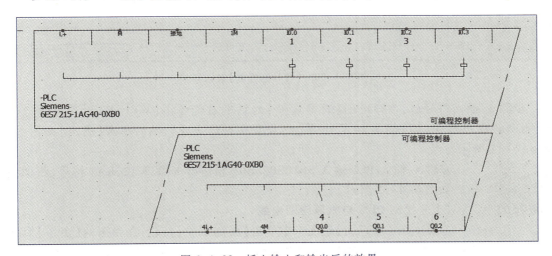

图 6-4-28　插入输入和输出后的效果

（八）插入 PLC 输入/输出外围设备原理图符号

步骤 1：插入直流 24 V 电源，在【原理图】选项卡中单击【插入符号】按钮，如图 6-4-29 所示。

步骤 2：在弹出的【符号选择器】对话框【分类】选项卡中找到【电源供给】，在右侧选择【单相电源】符号，然后单击【选择】按钮，完成直流电源符号插入，如图 6-4-30 所示。

图 6-4-29　【原理图】选项卡

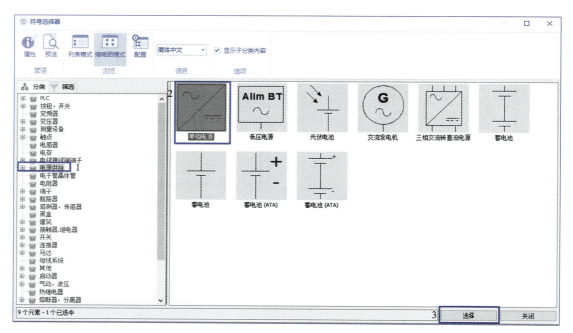

图 6-4-30　【符号选择器】对话框

步骤 3：插入符号后，在弹出的【符号属性】对话框右侧单击【=F1-G1】，选择电源设备（此处设备已经在（四）创建 24 V 开关电源设备中创建完成），然后单击【确定】按钮，如图 6-4-31 所示。

步骤 4：插入 PLC 输入 SB1、SB2、SB3 和输出 KA1、KA2、KA3 符号，添加完毕后如图 6-4-32 所示。

（九）绘制 PLC 电气原理图电线

步骤 1：在【原理图】选项卡中单击【绘制多线】按钮，在弹出的【命令】对话框中单击 ⬚ 按钮，在弹出的【电线样式选择器】对话框中选择【=24 VD】电线样式，单击【选择】按钮，如图 6-4-33 所示。

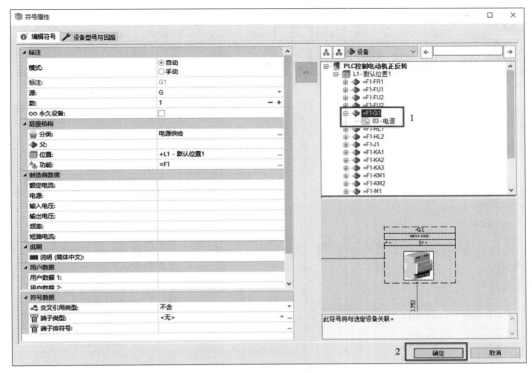

图6-4-31　选择直流电源设备

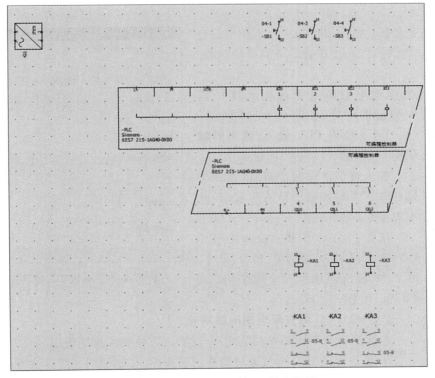

图6-4-32　插入 PLC 输入/输出符号

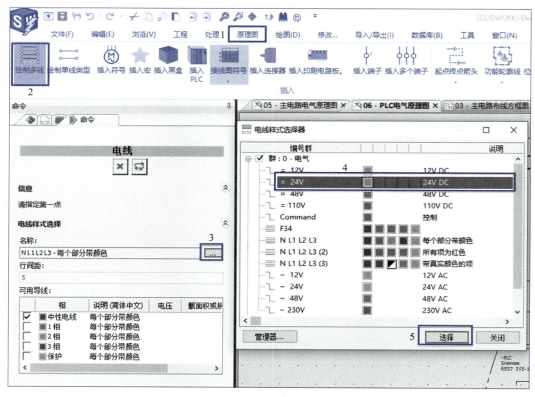

图 6-4-33　电线样式选择

步骤 2：选择【=24 V −24 V DC】后，调整好合适的行间距（默认为：5），连接各设备间导线，如图 6-4-34 所示。

步骤 3：按照主电路电气原理图大体样式绘制 PLC 电气原理图电线，如图 6-4-35 所示。

（十）插入 PLC 输入/输出的端子排

视频：插入 PLC 输入/输出的端子排

插入端子排详细步骤，请参照工作任务三中插入端子排的步骤，在此不再重复。

注意：本工作任务中输入使用了 7 个端子：L+、接地、1M、I0.0、I0.1、I0.2、M，输出使用了 5 个端子：4L+、4M、Q0.0、Q0.1、Q0.2。

图 6-4-34　电线样式绘制选择界面

（十一）PLC 电气原理图电线编号

电线绘制完毕后需要对电线进行编号，方便后续接线使用。

视频：PLC 电气原理图电线编号

步骤 1：保持 PLC 电气原理图为当前视图，在【处理】选项卡中单击【重编线号】按钮，如图 6-4-36 所示。

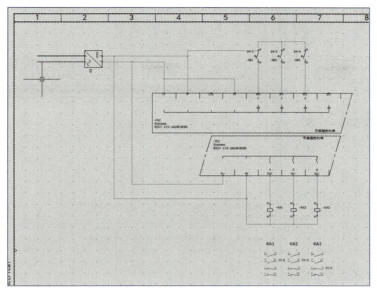

图 6-4-35 PLC 电气原理图电线绘制

图 6-4-36 【处理】选项卡

步骤 2：在弹出的【电线重新编号】对话框中单击【电线样式管理器】按钮，如图 6-4-37 所示。

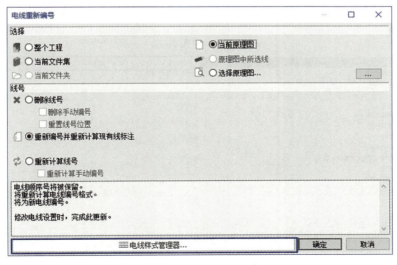

图 6-4-37 【电线重新编号】对话框

步骤 3：在弹出的【电线样式管理器】对话框中完成如下操作，如图 6-4-38 所示。

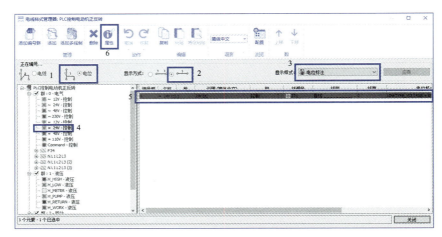

图 6-4-38　【电线样式管理器】对话框

（1）编号形式选择【电位】。

（2）显示方式选择右侧中间标注。

（3）显示样式选择【电位标注】。

（4）单击左侧【＝24 V-控制】。

（5）单击右侧电缆。

（6）单击【属性】按钮。

步骤 4：修改电位格式，操作步骤如下。

（1）双击【电位格式】右侧文本框处，如图 6-4-39 所示。

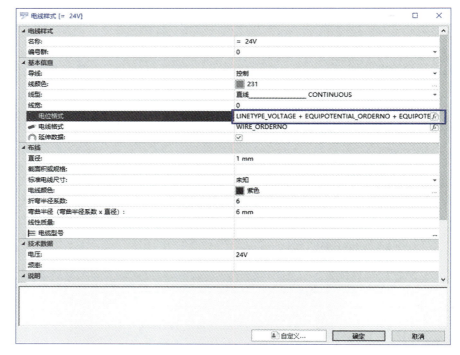

图 6-4-39　修改编号样式三

（2）在弹出的图 6-4-40 所示【格式管理器】对话框中，单击【变量和简单格式】选项卡。

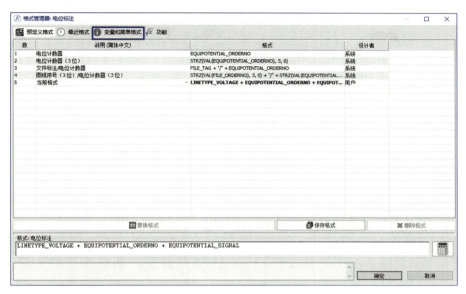

图 6-4-40　【格式管理器】对话框

（3）在图 6-4-41 所示【变量和简单格式】选项卡中完成格式项目的选择，格式中间项添加其他符号，用短下划线连起来，设置完成后单击【确定】按钮。

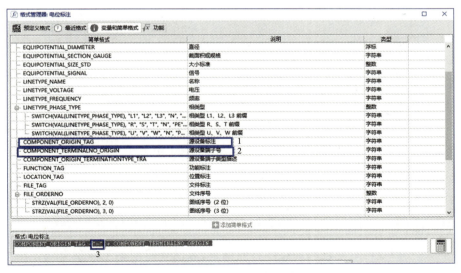

图 6-4-41　【变量和简单格式】选项卡

步骤 5：在【电线样式】对话框中单击【确定】按钮，返回【电线样式管理器】对话框后，单击【关闭】按钮，返回【电线重新编号】对话框后，电线样式编号进行如下操作，如图 6-4-42 所示。

（1）选中【当前原理图】。

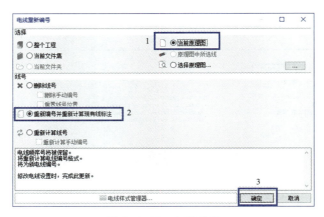

图 6-4-42 电线编号

（2）选中【重新编号并重新计算现有线标注】。

（3）单击【确定】按钮。

步骤 6：返回绘图界面后，电线编号已经自动标注好，其效果如图 6-4-43 所示。

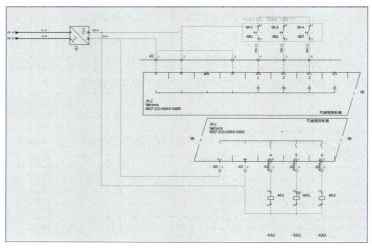

图 6-4-43 电线编号后效果

（十二）接线方向调整

接线方向可以定义复杂设备连接的方式。它允许优化电线和电缆长度并确定布线方向（从/到）。

PLC 电气原理图的接线方向调整，可以参照创建工作站电气系统主电路电气原理图的接线方向调整中的步骤来调整接线方向。

（十三）PLC 电气原理图电线起点和终点连接

【起点终点箭头】可以将不同图纸中相同的电线相连。起点终点箭头就如同带有定义目标图纸和位置文本的超链接，操作步骤如下。

步骤 1：在主电路电气原理图中，延长相线和零线，如图 6-4-44 所示。

视频：PLC
电气原理图
电线起点和
终点连接

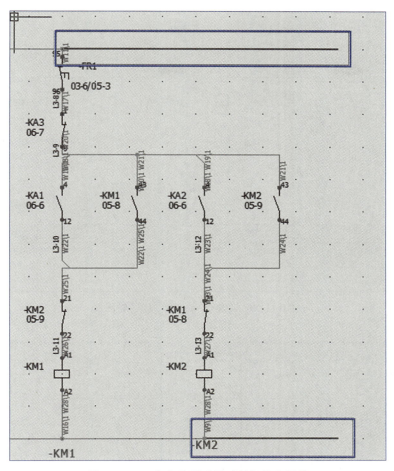

图6-4-44　主电路原理图延长相线和零线

步骤2：在【工程】选项卡中单击【起点终点箭头】按钮，如图6-4-45所示。

图6-4-45　【工程】选项卡

步骤3：在弹出的【起点-终点管理器】对话框中，单击【插入单个】按钮，依次将主电路电气原理图和PLC电气原理图中相线和零线连接在一起，如图6-4-46所示。

步骤4：将相线和零线连接完毕后，效果如图6-4-47所示。

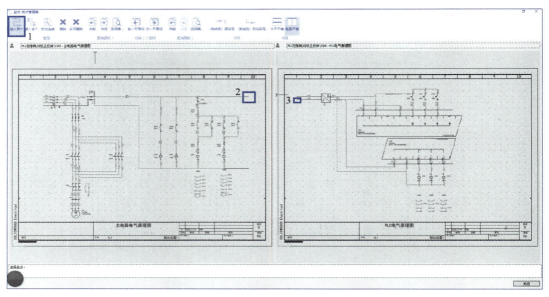

图 6-4-46　【起点-终点管理器】对话框

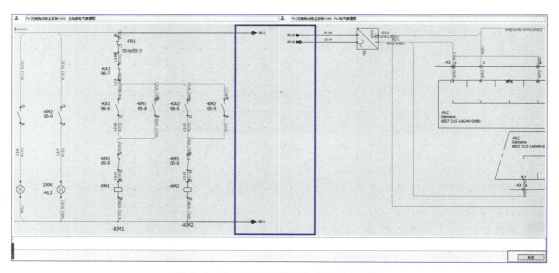

图 6-4-47　连接相线和火线后的效果图

三、任务自评

序号	学习目标	知识、技能点	自我评估结果
1	学会创建 PLC 设备	• 创建 PLC,添加 PLC 信息 • 插入 PLC 回路 • 关联 PLC 设备型号 • 添加 PLC 输入/输出	□掌握 □初步掌握 □未掌握

序号	学习目标	知识、技能点	自我评估结果
2	能够根据工程情况绘制PLC电气原理图	• 插入 PLC 相关设备符号 • 绘制电线 • 插入端子排 • 电线编号 • 调整接线方向 • 连接电线起点和终点	□掌握 □初步掌握 □未掌握

任务小结

（1）可以根据工程需要选择合适的原理图图框大小。

（2）添加 PLC 输入/输出时，可根据需要选择输入/输出点，避免多余的点位占用图纸空间。

（3）【起点终点箭头】可以将不同图纸中相同的电线相连。【起点终点箭头】就如同带有定义目标图纸和位置文本的超链接。

工作任务五

创建工作站电气系统报表

　　报表用于显示工程中的应用数据。报表种类有很多,可以通过【报表管理器】对话框设置工程使用哪种报表。

　　程序文件中包含大量按照类别分组的标准报表,如按照制造商和包的物料清单、按线类型的电线清单、按基准分组的电缆清单和图纸清单等。工程中可以创建不同的报表,也可以设定报表生成的顺序,以便于控制文档的输出。本工作任务是创建工作站电气系统报表。

　　下面介绍创建工作站电气系统报表的操作方法。

一、任务说明

任务名称		创建工作站电气系统报表
任务目标	知识目标	掌握报表的基本含义及作用
	能力目标	能够利用根据工程要求创建不同类型的报表文件
所用设备		计算机
任务告知		通过学习能够创建各类报表 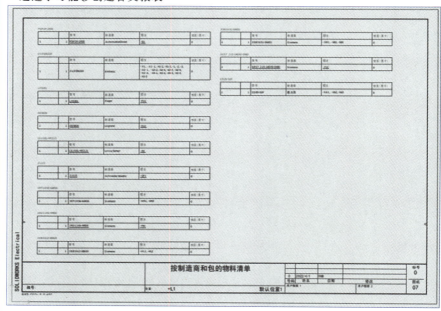

二、任务学习

（一）创建工程报表

步骤 1：双击打开【05-主电路电气原理图】，在【工程】选项卡中单击【报表】按钮，系统弹出【报表管理器】对话框，如图 6-5-1 所示。

视频：创建工程报表

图 6-5-1　创建报表

步骤 2：在弹出的【报表管理器】中，单击左侧任务栏中的【3　按制造商和包的物料清单】，单击【生成图纸】按钮，然后单击【关闭】按钮，如图 6-5-2 所示。

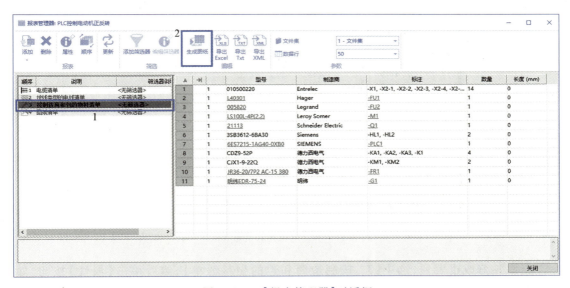

图 6-5-2　【报表管理器】对话框

步骤 3：在弹出的【报表图纸目标】对话框中，勾选【按制造商和包的物料清单】，在【新位置】一览中，选择图纸位置，单击【确定】按钮，如图 6-5-3 所示。生成报表图纸，如图 6-5-4 所示。打开生成的按制造商和包的物料清单，如图 6-5-5 所示。

（二）检查和修改报表

若清单中有些项目不需要或者需要添加新的项目，则需要对报表模板进行修改，步骤如下。

视频：检查和修改报表

图 6-5-3　【报表图纸目标】对话框

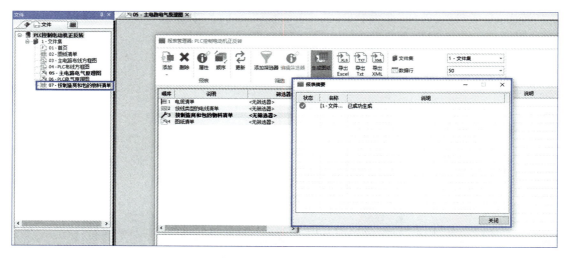

图 6-5-4　生成的报表图纸

步骤 1：修改报表列，选中【3　按制造商和包的物料清单】，然后单击【属性】按钮，如图 6-5-6 所示。

步骤 2：在弹出的【编辑报表配置】对话框中，单击【列】选项卡，然后再单击【列管理】按钮，进行工程需要的列配置，如图 6-5-7 所示。

步骤 3：在弹出的【列配置】对话框中，取消选中【说明】，勾选【长度（英寸）】选项，然后单击【确定】按钮，如图 6-5-8 所示（列的项目可根据实际工程需要选择需要的列项目添加）。

步骤 4：返回【编辑报表配置】对话框后，单击【应用】→【关闭】按钮。

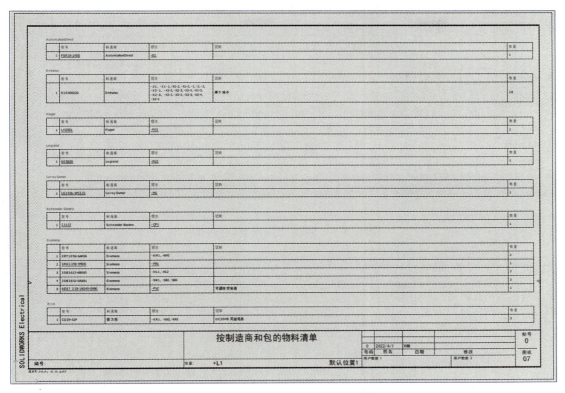

图 6-5-5　按制造商和包的物料清单

图 6-5-6　【3　按制造商和包的物料清单】属性

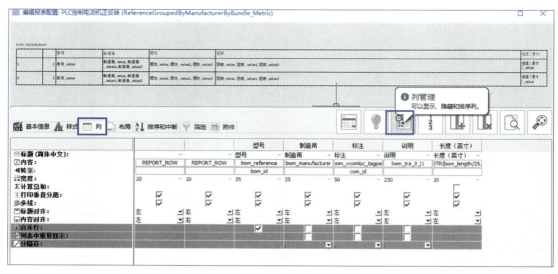

图 6-5-7　【编辑报表配置】对话框

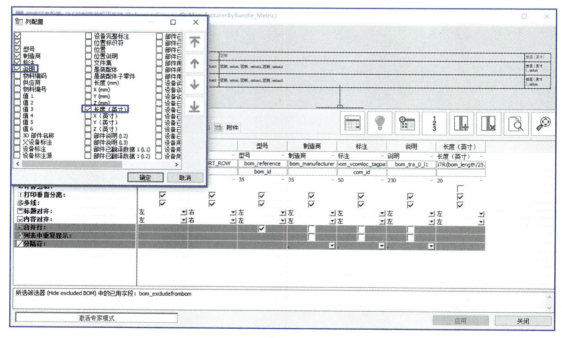

图 6-5-8　【列配置】对话框

视频：图纸
报表排序和
中断

　　步骤 5：返回绘图页面后，右击【07-按制造商和包的物料清单】，在弹出的菜单中选择【更新报表图纸】，如图 6-5-9 所示。更新后的报表图纸如图 6-5-10 所示。

（三）图纸报表排序和中断

　　报表内容可以根据一定条件完成排序和中断。

　　步骤 1：打开【3　按制造商和包的物料清单】属性，如图 6-5-6 所示。

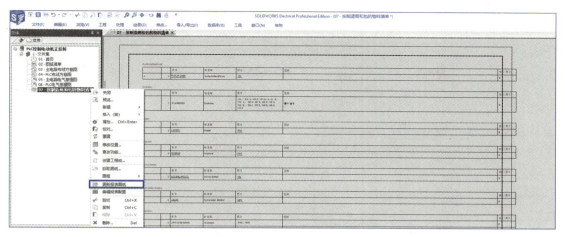

图 6-5-9　更新报表图纸

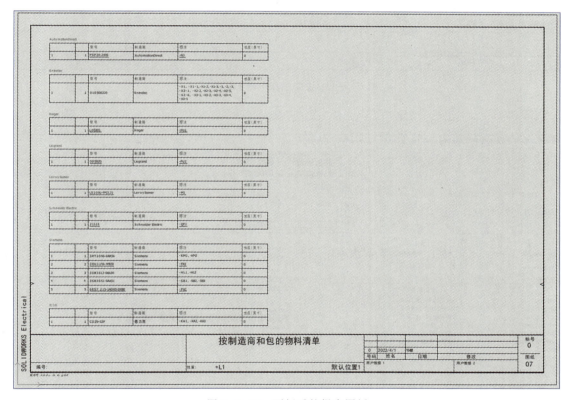

图 6-5-10　更新后的报表图纸

步骤 2：在弹出的【编辑报表配置】对话框中，选择【排序和中断】选项卡，如图 6-5-11 所示。

步骤 3：在【排序和中断】选项卡中，将【bom_manufacturer】的【中断】复选框取消勾选，勾选【bom_reference】的【中断】复选框，然后单击【应用】按钮，完成更改后，单击【关闭】按钮，如图 6-5-12 所示。

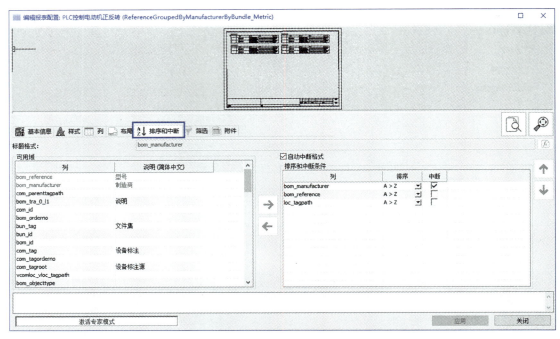

图 6-5-11　【排序和中断】选项卡

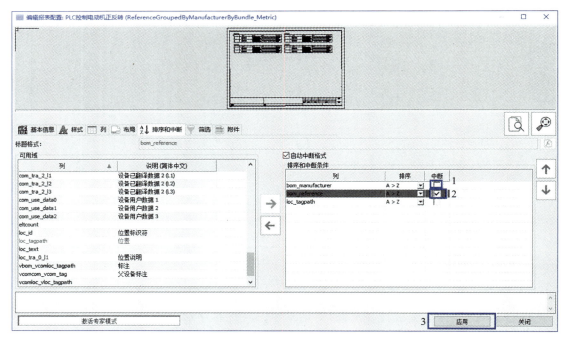

图 6-5-12　中断修改界面

　　步骤4：返回绘图页面后，右击【07-按制造商和包的物料清单】，在弹出的菜单中选择【更新报表图纸】，如图6-5-13所示。更新后的图纸如图6-5-14所示。

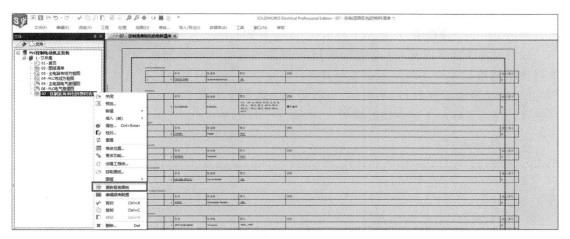

图 6-5-13　更新报表图纸

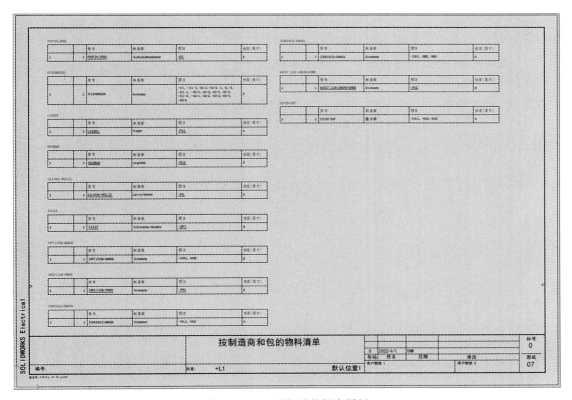

图 6-5-14　更新后的报表图纸

任务小结

（1）【编辑报表配置】对话框共有【基本信息】【样式】【列】【布局】【排序和中断】【筛选】【附件】共 7 个选项卡，可根据工程需要，选择需要的选项卡进行图纸配置修改。

（2）报表中默认模板有【电缆清单】【按线类型的电线清单】【按制造商和包的物料清单】【图纸清单】，用户还可以根据工程需要自行建立模板。

（3）在【报表管理器】对话框中，可以将报表数据导出成 Excel、TXT、XML 格式，用户可以根据工程需要导出上述格式数据。

三、任务自评

序号	学习目标	知识、技能点	自我评估结果
1	能够根据工程需要创建报表	• 按制造商创建报表	□掌握 □初步掌握 □未掌握
2	能够根据工程要求，选择工程需要的列数据	• 修改列 • 修改行	□掌握 □初步掌握 □未掌握
3	能够根据工程要求，进行报表排序和中断的修改	• 报表排序 • 中断	□掌握 □初步掌握 □未掌握

工作任务六

创建二维机柜布局图

二维机柜布局可以创建电气配电柜、机器或装置的一般布局图。基于工程的位置定义，分别创建布局图纸，以便于充分定义设备在复杂设计中的安装位置。

基于设备的安装位置，可以优化接线方向；基于设备排布的物理距离，可以从报表信息提取接线的尺寸。

本工作任务是创建二维机柜布局图。下面介绍创建二维机柜布局图的操作方法。

一、任务说明

任务名称		创建二维机柜布局图
任务目标	知识目标	掌握二维机柜布局图意义和作用
	能力目标	能够根据工程要求创建二维机柜布局图
所用设备	计算机	
任务告知	通过学习能够创建二维机柜布局图 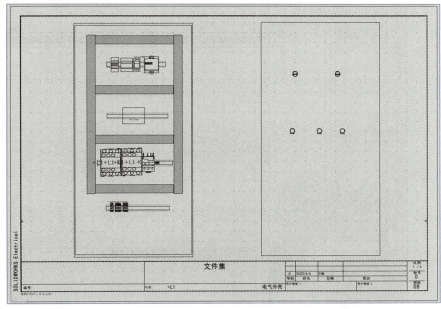	

二、任务学习

（一）创建和修改位置

工程中的位置可以设定多个位置属性，并且还可以将设备按安装位置进行划分。

步骤 1：打开【05-主电路电气原理图】，如图 6-6-1 所示。

步骤 2：管理位置，操作步骤如下：

（1）在【工程】选项卡中单击【位置】按钮，如图 6-6-2 所示。

（2）在弹出的【位置管理器】对话框中选择【L1-默认位置 1】，单击【属性】按钮，如图 6-6-3 所示。

（3）在弹出的【位置属性】对话框中，修改【说明（简体中文）】为【电气外壳】，单击【确定】按钮，如图 6-6-4 所示。

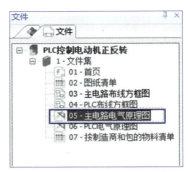

视频：创建和修改位置

图 6-6-1　打开【05-主电路电气原理图】

图 6-6-2　单击【位置】按钮

图 6-6-3　【位置管理器】对话框

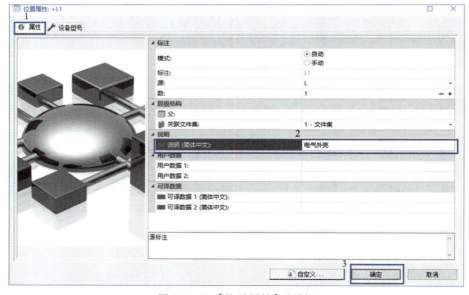

图 6-6-4　【位置属性】对话框

（4）返回【位置管理器】对话框，单击【创建多个位置】按钮，在弹出的对话框中输入数字2，然后单击【确定】按钮，如图6-6-5所示。

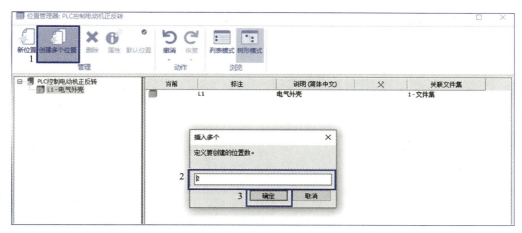

图6-6-5　创建多个位置

（5）使用相同的操作步骤，完成L1和L2的位置说明修改，如图6-6-6所示。

图6-6-6　修改L1和L2位置说明

步骤3：更改【05-主电路电气原理图】位置属性，操作步骤如下：

（1）右击【05-主电路电气原理图】，在弹出的菜单中选择【修改位置】，如图6-6-7所示。

（2）在弹出的【选择位置】对话框中，选择位置【L1-Backplate（背板）】，如图6-6-8所示。

（3）在弹出的【修改图纸位置】对话框中，选择【更改设备位置】，如图6-6-9所示。

步骤4：绘制位置轮廓线，详细操作步骤如下：

（1）在【原理图】选项卡中单击【位置轮廓线】按钮，如图6-6-10所示。

（2）在弹出的【命令】对话框【位置轮廓线】栏中，选择矩形框，然后框选HL1和HL2，如图6-6-11所示。

（3）在弹出的【选择位置】对话框中，选中【L2-Door（柜门）】，然后单击【选择】按钮，如图6-6-12所示。

图 6-6-7　选择【修改位置】

图 6-6-8　选择位置 L1

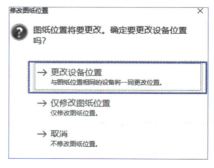

图 6-6-9　选择【更改设备位置】

图 6-6-10　单击【位置轮廓线】按钮

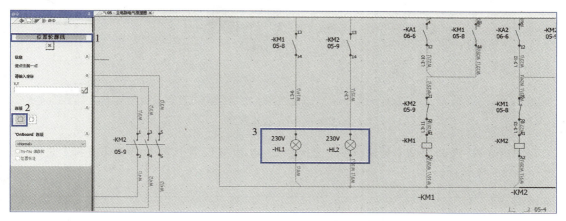

图 6-6-11　绘制 HL1 和 HL2 的位置轮廓线

图 6-6-12　选中【L2-Door(柜门)】

（4）在弹出的【更换设备位置】对话框中,选择【修改设备位置】,如图 6-6-13 所示。

（5）使用相同的操作步骤,完成【06-PLC 电气原理图】位置 L1-Backplate(背板)和 SB1、SB2、SB3 位置 L2-Door(柜门)的更改。

步骤 5:创建电动机位置,操作步骤如下:

（1）在【主电路电气原理图】中【三相异步电动机】处,绘制一个位置轮廓线。

（2）在弹出的【选择位置】对话框中,单击【新位置】按钮。

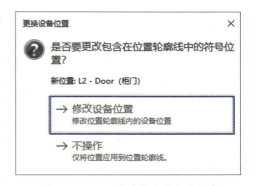

图 6-6-13　选择【修改设备位置】

（3）在弹出的【位置属性】对话框中,修改【说明(简体中文)】为【电动机位置】,然后单

215

击【确定】按钮，如图 6-6-14 所示。

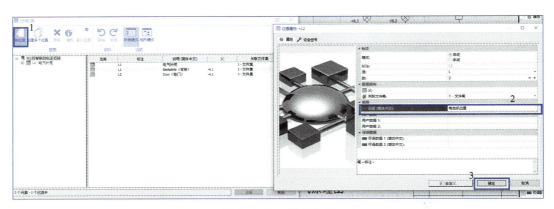

图 6-6-14　新建位置

（4）返回【选择位置】对话框后，选择【L2-电动机位置】，然后单击【选择】按钮，如图 6-6-15 所示。

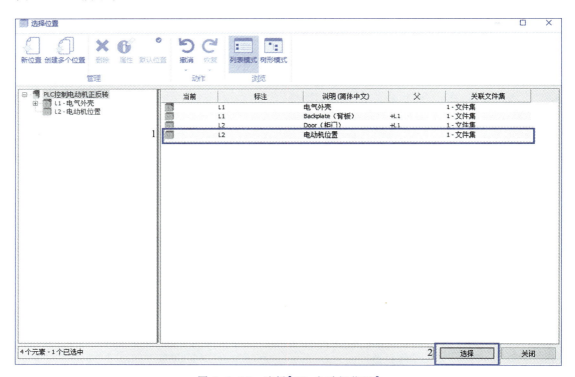

图 6-6-15　选择【L2-电动机位置】

视频：创建
二维（2D）布
局图

（5）在弹出的【更换设备位置】对话框中，选择【修改设备位置】，如图 6-6-16 所示。

（二）创建二维（2D）布局图

步骤 1：在【处理】选项卡中单击【2D 机柜布局】按钮，如图 6-6-17 所示。

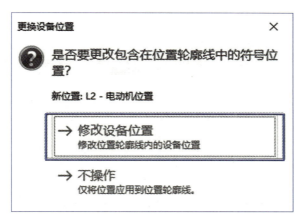

图 6-6-16　选择【修改设备位置】

图 6-6-17　单击【2D 机柜布局】按钮

步骤 2：在弹出的【创建 2D 机柜布局图纸】对话框中，只选择【电气外壳】，然后单击【确定】按钮，如图 6-6-18 所示。

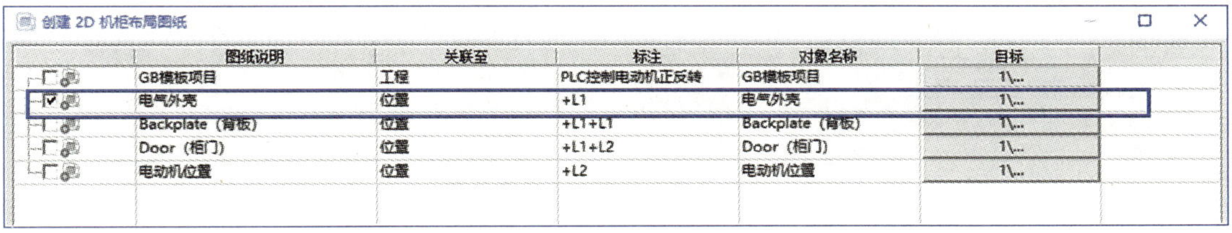

图 6-6-18　【创建 2D 机柜布局图纸】对话框

步骤 3：双击打开【08-电气外壳】布局图，添加机柜的操作步骤如下。

（1）修改布局图比例关系为 1：6，如图 6-6-19 所示。

图 6-6-19　修改比例

（2）选中【机柜布局】左侧位置 L1，如图 6-6-20 所示。

（3）在【机柜布局】选项卡中单击【添加机柜】按钮，如图 6-6-21 所示。

（4）在弹出的【选择设备型号】对话框中，单击【查找】按钮，选择部件号为【AA3EG2088GN_custom】的机柜型号，单击　按钮，最后单击【选择】按钮，如图 6-6-22 所示。

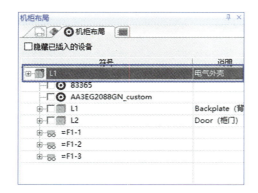

图 6-6-20　位置选择

图 6-6-21　单击【添加机柜】按钮

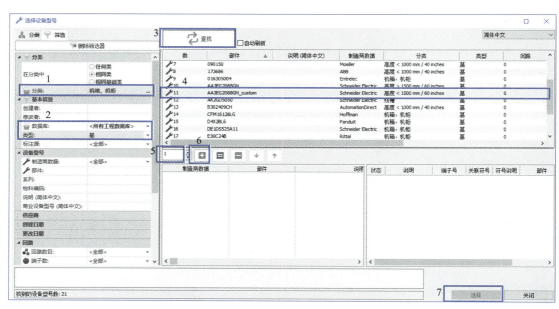

图 6-6-22　选择机柜设备型号

（5）插入机柜后，其效果如图 6-6-23 所示。

（6）在【08-电气外壳】布局图中，单击【绘图】选项卡中的【矩形】按钮，绘制一个与机柜大小一样的矩形框，然后单击【修改】选项卡中的【移动】按钮，将矩形框移动到机柜图右侧的位置，如图 6-6-24 所示。

（三）插入导轨和线槽

步骤 1：添加导轨，操作步骤如下。

（1）在【机柜布局】选项卡中单击【添加导轨】按钮，如图 6-6-25 所示。

视频：插入导轨和线槽

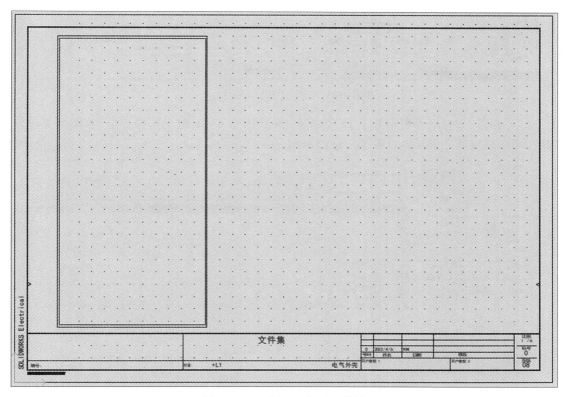

图 6-6-23 插入机柜后的效果

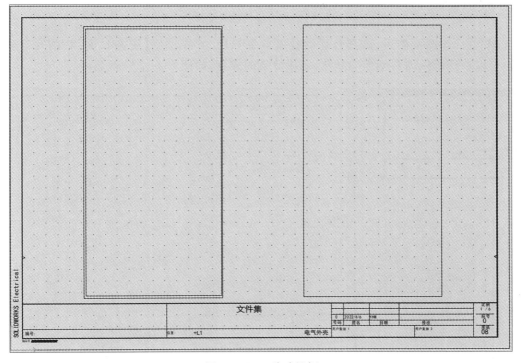

图 6-6-24 移动机柜

图 6-6-25　单击【添加导轨】按钮

（2）在弹出的【选择设备型号】对话框中，按照图 6-6-26 所示选择好分类、类型等设备选型参数，按步骤完成导轨设备及数量的添加。

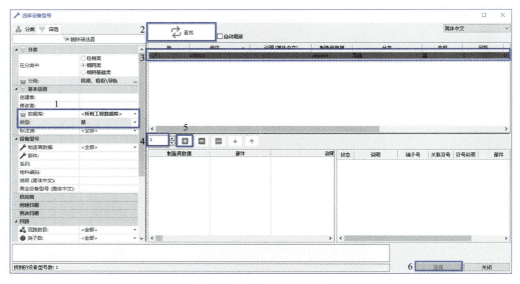

图 6-6-26　导轨设备选择

（3）返回绘图页面后，选择合适的位置放置导轨，并在左侧【更新长度】栏填写导轨长度，也可以在图纸处向右侧拖动导轨，完成导轨的放置，如图 6-6-27 所示。

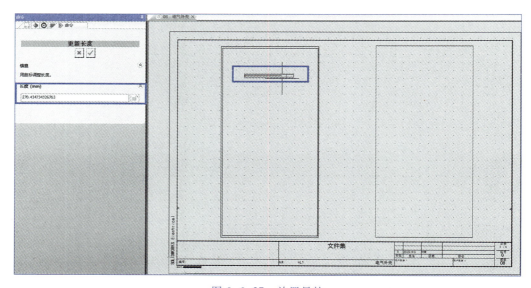

图 6-6-27　放置导轨

步骤2：使用同样的操作方法，添加其他导轨，如图6-6-28所示。

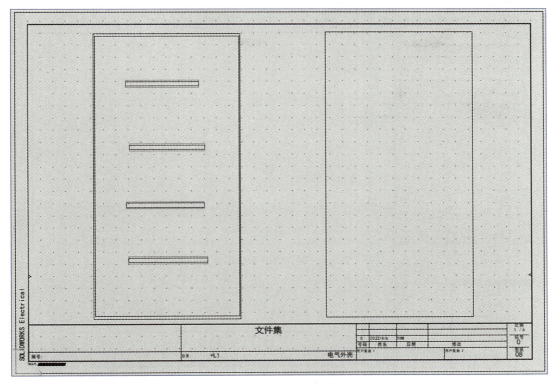

图6-6-28　添加其他导轨

步骤3：添加线槽，详细操作步骤如下。

（1）在【机柜布局】选项卡中单击【添加线槽】按钮，如图6-6-29所示。

图6-6-29　单击【添加线槽】按钮

（2）在弹出的【选择设备型号】对话框中，按照图6-6-30所示选择好分类、类型等设备选型参数，按步骤完成线槽设备及数量的添加。

（3）返回绘图页面后，选择合适的位置放置线槽，并在左侧【更新长度】栏填写导轨长度，也可以在图纸处向右侧拖动线槽，完成线槽的放置，如图6-6-31所示。

步骤4：参照步骤3，添加其他线槽，如图6-6-32所示。

步骤5：添加垂直线槽，详细操作步骤如下。

（1）插入线槽时，在左侧【插入2D布局图】下方的【符号方向】中选择线槽的方向，也可以单击鼠标右键调整线槽方向，调整线槽到垂直方向即可，如图6-6-33所示。

（2）参照上述步骤，添加其他垂直线槽，添加完成线槽后的效果如图6-6-34所示。

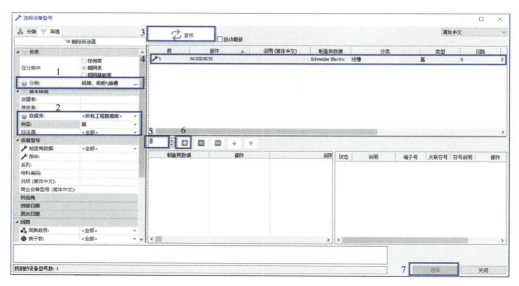

图 6-6-30　线槽设备选择

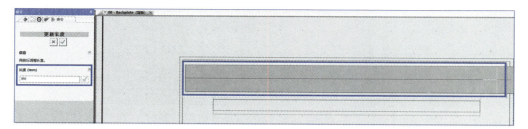

图 6-6-31　放置线槽

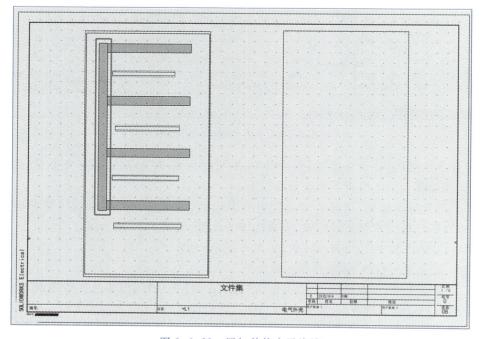

图 6-6-32　添加其他水平线槽

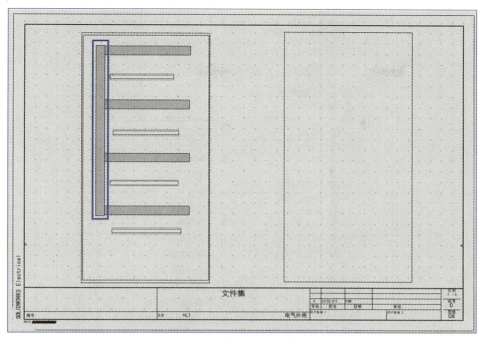

图 6-6-33　放置垂直线槽

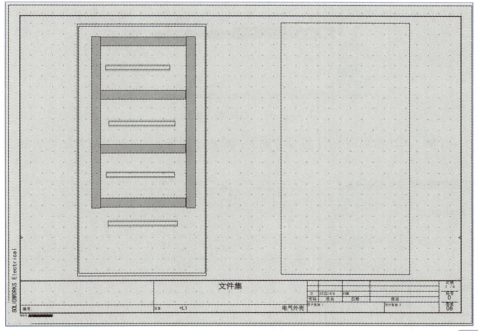

图 6-6-34　添加完成垂直线槽后的效果

（四）插入设备

步骤 1：插入断路器（-QF1），详细步骤如下：

（1）在左侧导航栏中，右击【= F1-QF1】，然后在弹出的菜单中选择【插入】，如图 6-6-35 所示。

视频：插入
设备

223

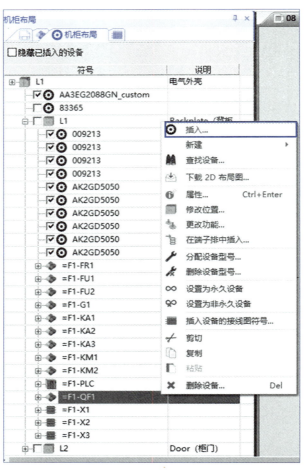

图 6-6-35　右键插入断路器

（2）在【插入 2D 布局图】下【符号方向】中调整好符号方向，放在最上层导轨的左侧，如图 6-6-36 所示。

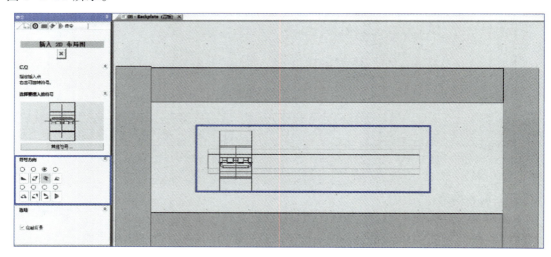

图 6-6-36　插入断路器

步骤 2：参照步骤 1 插入电气柜中其他设备符号，插入符号如图 6-6-37 所示。

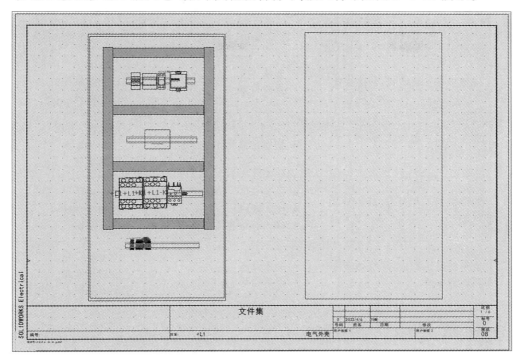

图 6-6-37　插入电气柜中其他设备符号

步骤 3：参照步骤 1 插入柜门上按钮和指示灯，插入符号后如图 6-6-38 所示。

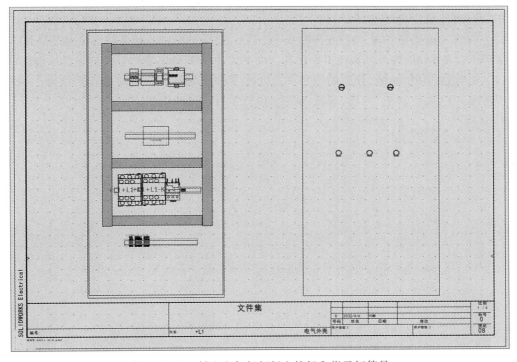

图 6-6-38　插入电气柜柜门上按钮和指示灯符号

三、任务自评

序号	学习目标	知识、技能点	自我评估结果
1	能够根据工程需要,创建位置	• 创建位置 • 修改位置	☐掌握 ☐初步掌握 ☐未掌握
2	能够根据工程要求,创建二维(2D)布局图。	• 创建二维(2D)布局图	☐掌握 ☐初步掌握 ☐未掌握
3	能够根据工程要求,插入导轨和线槽	• 插入导轨 • 插入线槽 • 修改导轨和线槽长度、位置	☐掌握 ☐初步掌握 ☐未掌握
4	能够根据工程需要,完成设备布局图的绘制	• 插入设备 • 设备布局	☐掌握 ☐初步掌握 ☐未掌握

✎ 任务小结

（1）本任务中所有设备分电气控制柜柜内设备和柜外设备,所以将柜内位置定为 L1,柜外设备位置定为 L2。

（2）创建二维布局图时,可以将柜内布局图和柜门布局图一起创建,也可以分别创建,创建布局图时注意位置的选择。

（3）在插入设备符号时,西门子 S7–1215C PLC 和 24 V 的德力西中间继电器为自建符号,因此这两个设备的 2D 符号可参照工作任务二中 PLC 和中间继电器符号的创建自行创建。

（4）电气控制柜、线槽、导轨的型号和尺寸本工作任务选择数据库内自带设备。也可根据工程需要对电气控制柜、线槽、导轨的型号和尺寸自行设计使用。

工作任务七
电线布线

电气原理图中的三维(3D)电线在装配图中的零件之间要完成自动布线,需满足以下所有条件:

(1) 三维(3D)零件需要关联到 SOLIDWORKS Electrical 软件中的设备。

(2) 设备需要在 SOLIDWORKS Electrical 电气原理图中完成详细的接线。

(3) 三维(3D)零件需要设置 CPoint 属性,其命名方式与设备的回路和端子相匹配。

(4) 应使用特定命名的草图路径,EW_PATH+数字编码。

(5) 指定的布线参数应允许程序定义路径和设备连接点。

以上条件若有一条不满足,布线则可能会出现不同的问题,从而导致布线得不到期望的结果。

下面学习电线布线的操作方法。

一、任务说明

任务名称		电线布线
任务目标	知识目标	掌握装配图零件、电气属性、布线参数的定义
	能力目标	能够根据工程要求完成电线的自动布线
所用设备	计算机	
任务告知	通过学习能够完成电线的自动布线 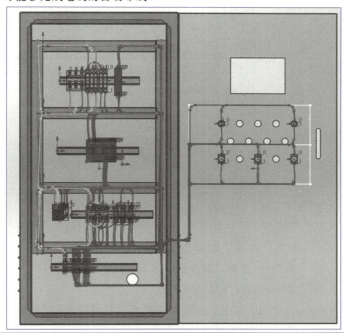	

二、任务学习

（一）启用电线自动布线插件

步骤1：打开 SOLIDWORKS 软件。

步骤2：单击工具栏最右边的下拉按钮，然后在弹出的菜单中单击【插件】，如图6-7-1所示。

图6-7-1　选择【插件】

步骤3：在弹出的【插件】对话框中，勾选【SOLIDWORKS Routing】和【SOLIDWORKS Electrical】插件，然后单击【确定】按钮，如图6-7-2所示。

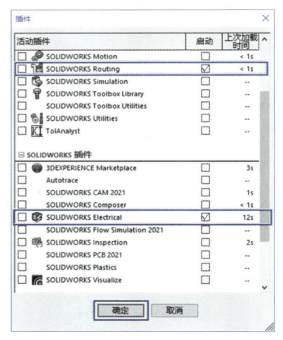

图6-7-2　勾选【SOLIDWORKS Routing】和【SOLIDWORKS Electrical】插件

步骤4：添加插件完成后，插件就会出现在工具栏中，如图6-7-3所示。

（二）打开工程装配体文件

步骤1：在 SOLIDWORKS Electrical 软件中打开【PLC 控制电动机正反转】工程文件，详细操作步骤如下。

（1）在【文件】选项卡中单击【工程管理器】按钮，如图6-7-4所示。

图 6-7-3 工具栏中的 Electrical 和 Routing 插件

图 6-7-4 单击【工程管理器】按钮

（2）在弹出的【工程管理器】对话框中，选择工程【PLC 控制电动机正反转】，如图 6-7-5 所示。

图 6-7-5 选择【PLC 控制电动机正反转】

步骤 2：在 SOLIDWORKS Electrical 软件中创建 SOLIDWORKS 装配体，详细操作步骤如下。

（1）在【处理】选项卡中单击【SOLIDWORKS 装配体】按钮，如图 6-7-6 所示。

图 6-7-6 单击【SOLIDWORKS 装配体】按钮

（2）在弹出的【创建装配图文件】对话框中，选中【电气外壳】，然后单击【确定】按钮，如图 6-7-7 所示。

步骤 3：在 SOLIDWORKS 软件中打开【PLC 控制电动机正反转】工程文件，详细操作步骤如下。

（1）单击任务栏中【工程管理器】按钮，如图 6-7-8 所示。

（2）在弹出的【工程管理器】对话框中，选择工程【PLC 控制电动机正反转】并双击【打开】按钮，如图 6-7-9 所示。打开后，会在右侧出现【电气工程文件】任务树，如图 6-7-10 所示。

图 6-7-7　选中【电气外壳】

图 6-7-8　单击【工程管理器】按钮

图 6-7-9　打开工程文件

步骤 4：在 SOLIDWORKS Electrical 软件中打开新建的 SOLIDWORKS 装配体，步骤如下。

（1）双击【09-电气外壳】，如图 6-7-11 所示。

（2）在 SOLIDWORKS 软件中会出现如图 6-7-12 所示界面。

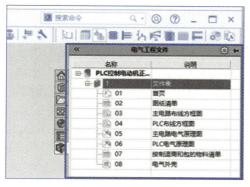

图 6-7-10　【电气工程文件】任务树

图 6-7-11　打开【09-电气外壳】

图 6-7-12　正在打开装配体

（3）打开装配体后，会在 SOLIDWORKS 软件中出现如图 6-7-13 所示界面，这时就可以在左侧设计树中插入装配体。

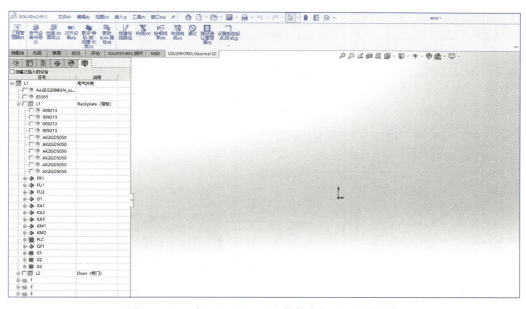

图 6-7-13　在 SOLIDWORKS 软件中打开工程装配体

（三）创建智能设备

插入到 SOLIDWORKS Electrical 3D 中的设备需要设置配合和连接点，以达到最优的结果。

配合的作用是让插入的设备自动地连接到其他装置，以及设置多个设备在插入时的间隔。

连接点的作用是具有不同命名方式的布线 CPoints，其直接与应用到原理符号上的回路和连接点相关。

没有配合的设备可以在插入后通过手动的方式完成装配。任何设备都需要连接点，设定连接电缆、电线、连接器或线束等。

S7-1215C 和中间继电器为自己创建的设备，因此本工作任务讲解这两个设备如何创建智能设备。

步骤1：使用 SOLIDWORKS 软件打开【S7-1215C. SLDPRT】装配图文件，如图 6-7-14 所示。

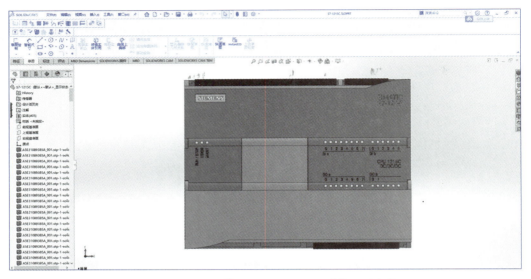

图 6-7-14　打开【S7-1215C. SLDPRT】装配图文件

步骤2：单击【工具】→【SOLIDWORKS Electrical】→【电气设备向导】菜单命令，如图 6-7-15 所示。

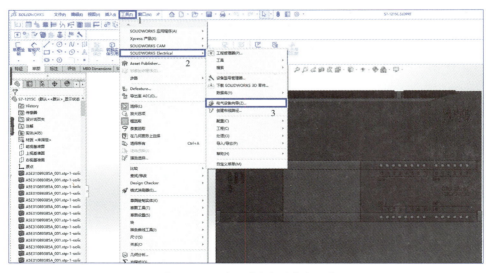

图 6-7-15　打开【电气设备向导】

步骤3：创建【配合参考】。

（1）零部件对齐设定。

① 在弹出的【Routing Library Manager】对话框中，选择【Routing 零部件向导】→【配合参考】→【定义面】，如图 6-7-16 所示。

② 在 SOLIDWORKS 软件左侧设计树中依次选择【左侧面】【右侧面】【顶面】【底面】，如图 6-7-17 所示。

视频：创建
【配合参考】

图 6-7-16　选择【定义面】

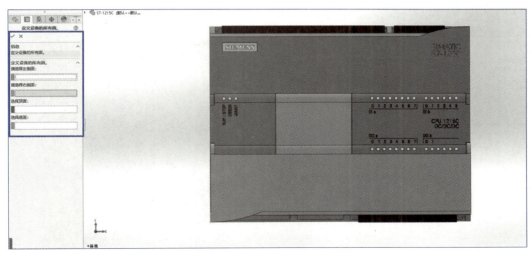

图 6-7-17　选择对齐面

（2）可选性配合参考设定。

① 在弹出的【Routing Library Manager】对话框中，选择【Routing 零部件向导】→【配合参考】→【对于轨迹】→【添加】，如图 6-7-18 所示。

图 6-7-18 添加【可选性配合参考】

② 在 SOLIDWORKS 软件左侧设计树中依次选择【导轨顶部面】【导轨正面】，如图 6-7-19 所示。

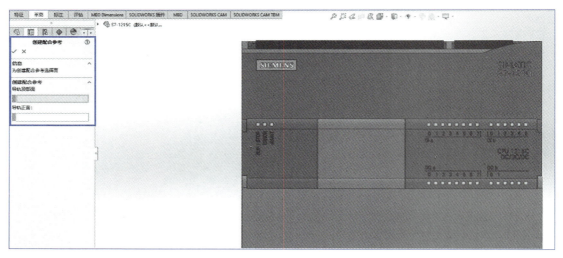

图 6-7-19 选择导轨配合面

（3）【可选性配合参考】添加完毕,如图 6-7-20 所示。

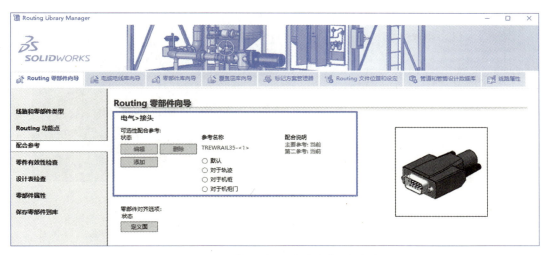

图 6-7-20　【可选性配合参考】添加完成

步骤 4:创建 Routing 功能点。

（1）在弹出的【Routing Library Manager】对话框中,选择【Routing 零部件向导】→【Routing 功能点】→【来自制造商零件的连接点】→【添加】,如图 6-7-21 所示。

（2）在 SOLIDWORKS 软件左侧设计树中单击【请选择设备型号】按钮,如图 6-7-22 所示。

（3）在弹出的【选择设备型号】对话框中,【类型】选择【基】,【制造商数据】选择【Siemens】,然后单击【查找】按钮,选择部件为【6ES7 215-1AG40-0XB0】的 PLC 设备,最后单击【选择】按钮,如图 6-7-23 所示。

视频:创建
Routing 功
能点

图 6-7-21　添加【Routing 功能点】向导

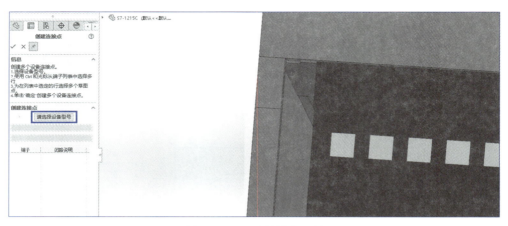

图 6-7-22　选择设备型号

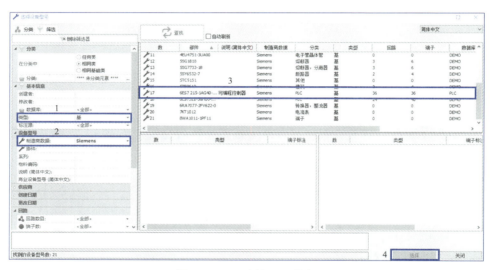

图 6-7-23　选择 PLC 设备

（4）右击【L+】，然后单击弹出的【创建设备连接点】，如图 6-7-24 所示。

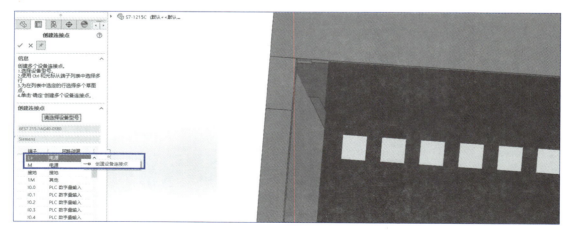

图 6-7-24　创建【L+】连接点

（5）找到【S7-1215C】三维模型中【L+】中实际的接线位置点（平面中心位置）并单击，在弹出的【是否新建草图点？】对话框中，单击【是】按钮，如图6-7-25所示。

（6）创建完草图点后，会在三维模型中自动创建好连接点【0_0】，如图6-7-26所示。

（7）参照步骤（4）、（5），依次为其他输入/输出点创建连接点。注意：创建的连接点要与电气原理图对应，否则布线会出现错误。创建完毕后左侧所有输入和输出都出现 ，三维图中都创建好连接点，其效果如图6-7-27所示。

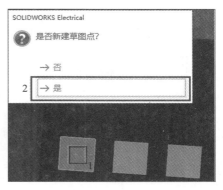

图6-7-25　新建【L+】草图点

图6-7-26　创建【L+】的【0_0】连接点

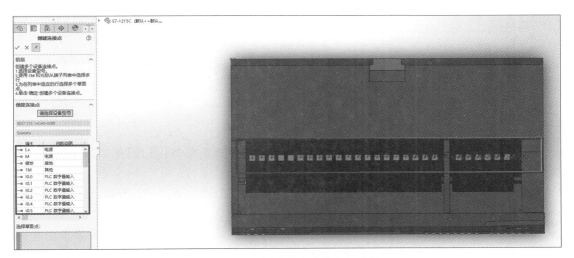

图6-7-27　创建所有连接点的效果

（8）创建好连接点以后，在【文件】选项卡中单击【保存所有】按钮，在弹出的【您想在保存前重建文档吗？】对话框中，选择【重建并保存文档（推荐）（R）】，如图6-7-28所示。

步骤5：参照上述步骤创建【24 V中间继电器】【24 V开关电源】等其他设备。

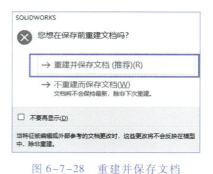

图 6-7-28　重建并保存文档

（四）插入设备装配体

步骤 1：插入机柜装配体，步骤如下。

（1）在左侧导航栏中，右击【AA3EG2088GN_custom】，然后在弹出的菜单中选择【插入自文件】，如图 6-7-29 所示。

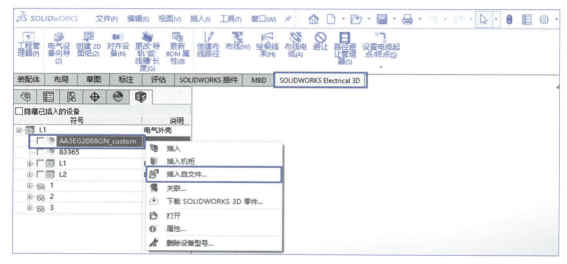

图 6-7-29　插入机柜装配体一

（2）在弹出的【打开】对话框中，找到【机柜装配体】，然后单击【打开】按钮，如图 6-7-30 所示。

（3）插入机柜装配体后，选择合适的位置放置好机柜，如图 6-7-31 所示。

步骤 2：插入线槽装配体，步骤如下。

（1）在左侧导航栏中，右击【L1】→【AK2GD5050】，在弹出的菜单中选择【插入水平线槽】，如图 6-7-32 所示（选择合适的【配合】关系后，可以修改线槽的长度）。

（2）参照插入水平线槽的步骤，插入其他水平线槽和垂直线槽，如图 6-7-33 所示。

步骤 3：参照步骤 1 和步骤 2 插入导轨、断路器、熔断器、电源、PLC、交流接触器、24V 中间继电器、端子等电气元器件设备装配体，其效果如图 6-7-34 所示。

图 6-7-30　插入机柜装配体二

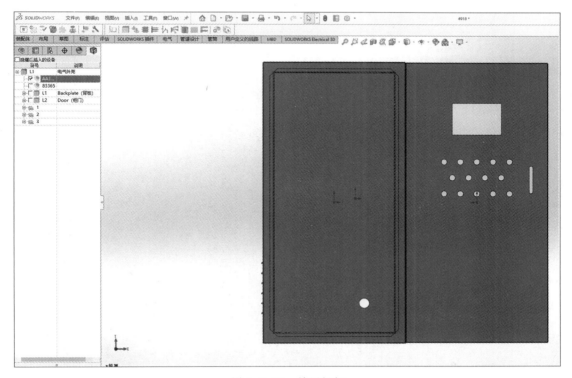

图 6-7-31　放置机柜

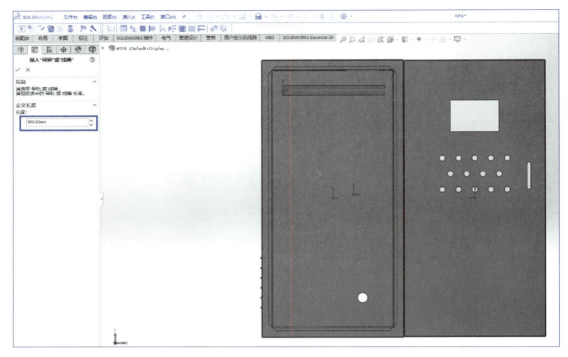

图 6-7-32　插入水平线槽

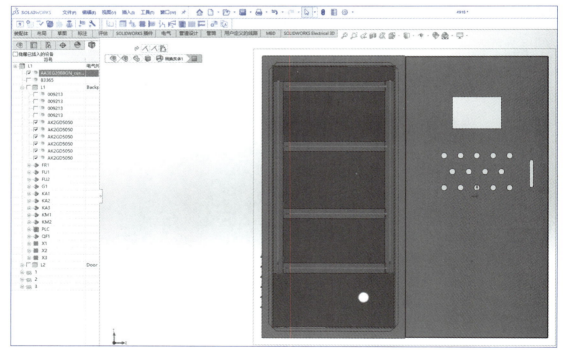

图 6-7-33　插入所有线槽

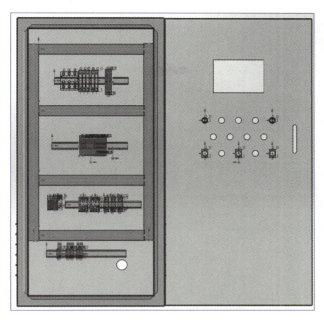

视频：插入 PLC

视频：插入交流接触器、热继电器、中间继电器

视频：插入端子

视频：插入按钮和指示灯

图 6-7-34　插入其他设备装配体后的效果

视频：创建布线路径

（五）创建布线路径

步骤 1：在【SOLIDWORKS Electrical 3D】选项卡中单击【创建布线路径】按钮，如图 6-7-35 所示。

图 6-7-35　单击【创建布线路径】

步骤 2：在左侧设计树中弹出的【创建布线路径】中选择【创建草图】，然后单击 ✓ 按钮，如图 6-7-36 所示。系统会自动创建名为【EW_PATH1】的三维草图，提示如图 6-7-37 所示。

步骤 3：为方便绘制三维草图路径，选中线槽盖板，按下 Tab 键将线槽盖板隐藏，其效果如图 6-7-38 所示。

步骤 4：利用【直线】工具，绘制三维草图路径，如图 6-7-39 所示。绘制如图 6-7-40 所示的三维草图路径。

（六）电线避让

为降低强电与弱电间、电源与信号间的干扰，往往将它们彼此分开走线，这就需要利用电线避让工具来实现这一功能。

步骤 1：在命令管理器中，单击【SOLIDWORKS Electrical 3D】→【避让】，如图 6-7-41 所示。

视频：电线避让

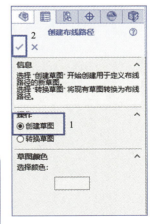

图 6-7-36　创建布线路径参数选择

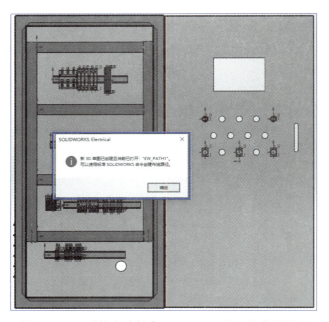

图 6-7-37　系统自动创建 EW_PATH1 的三维草图提示

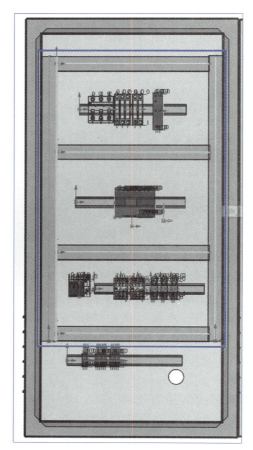

图 6-7-38　移除线槽盖板后的效果

图 6-7-39　使用【直线】工具绘制三维草图路径

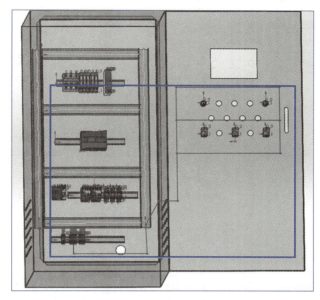

图 6-7-40　绘制三维草图路径

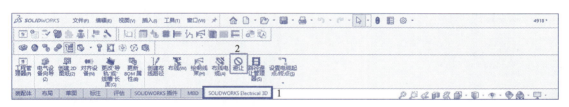

图 6-7-41　单击【避让】

步骤 2：选择避让电线样式，如图 6-7-42 所示。

步骤 3：选择【排除】线槽，然后单击 ✔ 按钮，如图 6-7-43 所示。

（七）电线布线

步骤 1：单击【SOLIDWORKS Electrical 3D】→【布线电缆（A）】，如图 6-7-44 所示。

步骤 2：在左侧弹出的【布线电线】设计树中，选择【3D 草图路线】【使用样条曲线】【所有设备】【布线参数】，如图 6-7-45 所示。

步骤 3：布线完成后的效果如图 6-7-46 所示。

（八）计算线槽填充率

步骤 1：单击【工具】→【SOLIDWORKS Electrical】→【计算线槽填充率】，如图 6-7-47 所示。

视频：电线布线

视频：计算线槽填充率

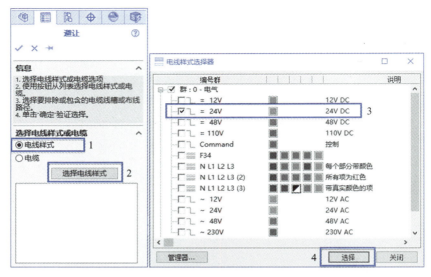

图 6-7-42　选择避让电线样式

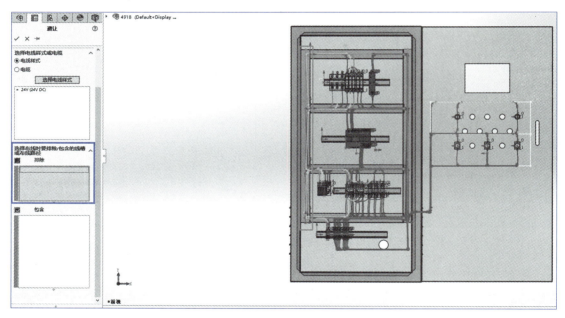

图 6-7-43　选择排除线槽

图 6-7-44　布线工具

图 6-7-45　选择布线参数

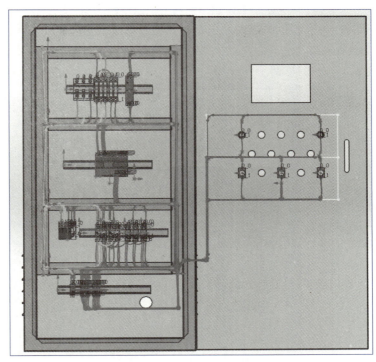

图 6-7-46　布线完成后的效果

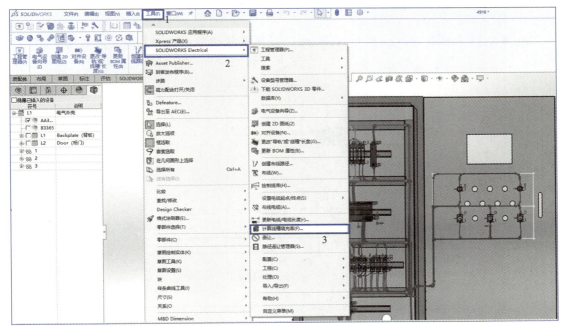

图 6-7-47　单击【计算线槽填充率】

步骤 2：系统弹出【命令结束】对话框，如图 6-7-48 所示。

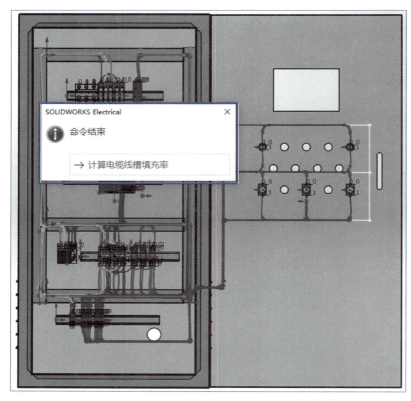

图 6-7-48　【命令结束】对话框

步骤 3：选择要查看的线槽并右击，然后在弹出的菜单中选择【属性】，如图 6-7-49 所示。

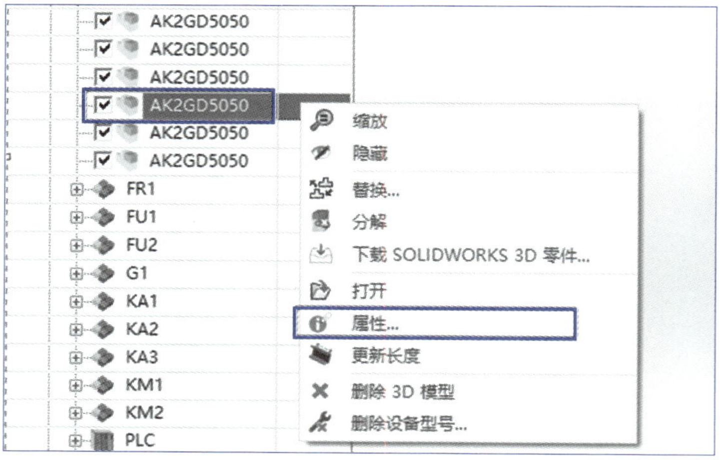

图 6-7-49　打开线槽属性

步骤 4：查看【线槽填充率】，然后单击【确定】按钮，如图 6-7-50 所示。

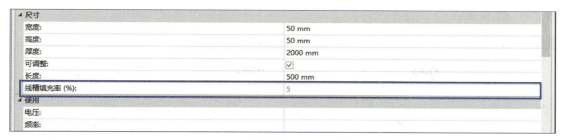

图 6-7-50　线槽填充率

（九）生成报表统计线长

步骤 1：单击【工具】→【SOLIDWORKS Electrical】→【工程】→【报表】，如图 6-7-51 所示。

步骤 2：在弹出的【报表管理器】对话框中选择【按线类型的电线清单】，如图 6-7-52 所示。

视频：生成报表统计线长

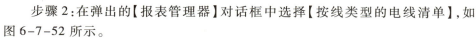

图 6-7-51　打开【报表】

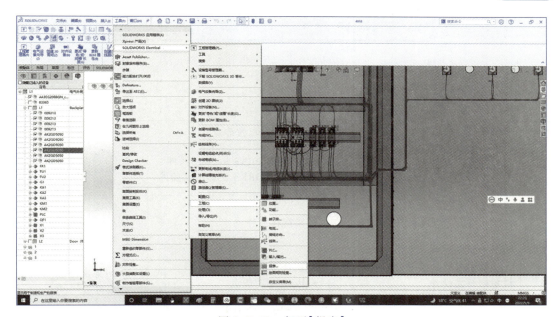

图 6-7-52　报表类型选择

步骤 3：单击【生成图纸】按钮，然后在弹出的对话框中选择【按线类型的电线清单】，如

图 6-7-53 所示。

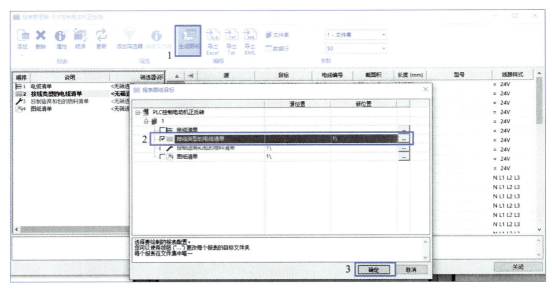

图 6-7-53 生成报表

三、任务自评

序号	学习目标	知识、技能点	自我评估结果
1	能够启用电线自动布线插件	• SOLIDWORKS Routing 插件 • SOLIDWORKS Electrical 插件	□掌握 □初步掌握 □未掌握
2	学会打开装配体文件	• 装配体文件	□掌握 □初步掌握 □未掌握
3	能够根据工程需要,创建所需设备的智能设备	• 配合参考 • Routing 功能点	□掌握 □初步掌握 □未掌握
4	学会插入设备装配体	• 直接插入装配体 • 插入自文件 • 关联已有装配体	□掌握 □初步掌握 □未掌握
5	学会创建布线路径	• EW_PATH1	□掌握 □初步掌握 □未掌握
6	学会电线布线	• 电线避让 • 线槽填充率 • 自动布线	□掌握 □初步掌握 □未掌握

✐ 任务小结

（1）在进行布线时,要在 SOLIDWORKS 软件中添加 SOLIDWORKS Routing 和 SOLID-

WORKS Electrical 插件。

（2）插入装配体时,三维设备利用旋转和配合等工具进行装配体的位置调整。

（3）装配体插入时,有直接插入装配体、插入自文件和关联已有装配体三种方式。

1）直接插入装配体是设备已经提前关联好数据库中的三维装配体;

2）插入自文件是数据库中没有相应的设备三维装配体,将用户自己绘制的三维装配体插入到装配体图纸中;

3）关联已有装配体是装配体图纸中已经添加好三维装配体,需要将设备与此三维装配体进行关联。

（4）热继电器 JRS1Ds-25-6 无法独立安装到导轨上,需要加上导轨底座。本书中将 JRS1Ds-25-6 与正泰 CHNT MB-2 底座作为一个装配体文件应用。

（5）创建布线路径时会自动创建 EW_PATH+数字的三维草图,若直接在三维草图中绘制完直线后,可以选择转换三维草图到布线路径,转换完毕后也会生成 EW_PATH+数字的三维草图。

［1］ DS SOLIDWORKS 公司.SOLIDWORKS 零件与装配体教程(2020 版)［M］.杭州新迪数字工程系统有限公司,译.北京:机械工业出版社,2020.

［2］ DS SOLIDWORKS 公司.SOLIDWORKS 钣金件与焊件教程(2019 版)［M］.杭州新迪数字工程系统有限公司,译.北京:机械工业出版社,2019.

［3］ DS SOLIDWORKS 公司.SOLIDWORKS 电气基础教程(2020 版)［M］.杭州新迪数字工程系统有限公司,译.北京:机械工业出版社,2020.

［4］ DS SOLIDWORKS 公司.SOLIDWORKS 电气高级教程(2019 版)［M］.杭州新迪数字工程系统有限公司,译.北京:机械工业出版社,2019.

高等职业教育
智能制造专业群
新专业教学标准课程体系

机械设计
方向专业

机械设计与制造 / 机械制造及
自动化 / 数字化设计与制造技
术 / 增材制造技术

自动化
方向专业

机电一体化技术 / 电气自动
化技术 / 智能机电技术

机械制造工艺　　　　增材制造技术
机械 CAD/CAM 应用　产品逆向设计与仿真
工装夹具选型与设计　增材制造设备及应用
生产线数字化仿真技术　增材制造工艺制订与实施
产品数字化设计与仿真

机械产品数字化设计　机电设备装配与调试
可编程控制器技术　　运动控制技术
机电设备故障诊断与维修　自动化生产线安装与调试
电机与电气控制　　　工厂供配电技术
自动控制原理　　　　工业网络与组态技术

专业群平台课

机械制图与计算机绘图　电工电子技术
机械设计基础　　　　电气制图及 CAD
公差配合与测量技术　智能制造概论
液压与气压传动　　　工业机器人技术基础
工程力学　　　　　　传感器与检测技术
工程材料及热成形工艺　金工实习

机器人
方向专业

工业机器人技术
智能机器人技术

数控模具
方向专业

数控技术
模具设计与制造

工业机器人现场编程　工业机器人离线编程与仿真
智能视觉技术应用　　数字孪生与虚拟调试技术应用
工业机器人应用系统集成　工业机器人系统智能运维
协作机器人技术应用

工业网络
方向专业

工业互联网应用
智能控制技术

数控机床故障诊断与维修　冲压工艺与模具设计
数控加工工艺与编程　　注塑成型工艺与模具设计
多轴加工技术　　　　注塑模具数字化设计与智能制造
智能制造单元生产与管理

制造执行系统应用（MES）　工业互联网基础
工业网络技术　　　　工业互联网标识解析技术应用
工业数据采集与可视化　工业 App 开发
工业互联网平台应用

读者意见反馈

为收集对教材的意见建议,进一步完善教材编写并做好服务工作,读者可将对本教材的意见建议通过如下渠道反馈至我社。

咨询电话　400-810-0598
反馈邮箱　gjdzfwb@pub.hep.cn
通信地址　北京市朝阳区惠新东街 4 号富盛大厦 1 座
　　　　　高等教育出版社总编辑办公室
邮政编码　100029